Bemessungsverfahren für Verbundträger

Von

Dr.-Ing. Günter Utescher

Karlsruhe

Mit 27 Abbildungen

und 24 Bemessungstafeln

Springer-Verlag

Berlin / Göttingen / Heidelberg

1956

Entwurfsbüro für Industriebau
Halle a. S., Seebener Straße 22

ISBN-13: 978-3-540-02092-9   e-ISBN-13: 978-3-642-92688-4
DOI: 10.1007/978-3-642-92688-4

Vorwort

Die Zulassung der Verbundbauweise für den Brückenbau und Hochbau hat
nicht nur neue, mit wirtschaftlichen Vorteilen verbundene Konstruktions-
grundsätze gebracht, sondern auch einen erheblichen Aufwand an statischen
Untersuchungen, Querschnittsermittlungen und Spannungsnachweisen zur Folge
gehabt.

Das Ziel, die zulässigen Stahl- und Betonspannungen nicht nur einzuhalten,
sondern auch möglichst auszunutzen, hat die Bemessung von Verbundquerschnitten zu einer mühsamen und zeitraubenden Probierarbeit werden lassen: —
Während für die Bemessung von gewöhnlichen stählernen Biegeträgern heute
weitgehend Profil- und Querschnittstabellen zur Verfügung stehen und auch im
Stahlbetonbau für die Bemessung von Rechteckquerschnitten und Plattenbalken
Tabellenwerke und Kurventafeln ausgearbeitet sind, die trotz der vielen frei
wählbaren Größen ein zweckmäßiges und rasches Bemessen ermöglichen, fehlte
für das Aufsuchen wirtschaftlicher Querschnitte bei Verbundträgern bisher jede
derartige Hilfe.

Auch die neuerdings erschienene „Vorberechnung der Verbundträger" von
SCHRADER [7] gibt lediglich Hinweise für eine vereinfachte Ermittlung der in den
meisten Fällen maßgebenden Untergurt-Randspannung von freiaufliegenden
Verbundträgern sowie eine Anleitung zur Berechnung der Schnitt- und Vor-
spannkräfte für durchlaufende Verbundträger im Brückenbau. Für die Bemessung
muß aber nach wie vor von einer Schätzung aller Stahlträgerabmessungen aus-
gegangen werden, die sich auch wieder nur durch ein mehrfaches Probieren ver-
bessern lassen.

Die Schwierigkeiten bei der Schätzung der Stahlträgerabmessungen sind
einerseits dadurch bedingt, daß meist wenigstens ein Teil der ständigen Lasten
vom Stahlträger allein getragen werden muß und lediglich für den Rest der
ruhenden Lasten und die Verkehrslasten eine Verbundwirkung in Rechnung gestellt werden kann, und andererseits der Stahlträger, um ihn besser ausnutzen
zu können, in der Regel unsymmetrisch ausgebildet werden muß. Dazu kommt,
daß die ebenfalls bei der Bemessung zu berücksichtigenden Kriech- und Schwind-
einflüsse unter anderem auch wieder von den geschätzten Stahlträgerabmessungen
abhängen. Es sind also sowohl die spannungsbildenden Einflüsse des Kriechens
und Schwindens als auch die Größe und die Verteilung des Stahlquerschnittes
auf Obergurt, Steg und Untergurt durch einander beeinflussende Schätzungen
zu erfassen.

Die vorliegende Arbeit hat sich zum Ziel gesetzt, das bisherige Ausprobieren
eines mehr oder weniger willkürlich gewählten Stahlträgerquerschnittes durch
eine planmäßige Querschnittsbestimmung zu ersetzen, bei der die spannungsbildenden Einflüsse des Kriechens und Schwindens durch Näherungsformeln er-

faßt werden, die in der Regel nur noch eine geringe, aber auch wieder planmäßig errechenbare Korrektur erforderlich machen.

Ich möchte hier Herrn Dr.-Ing. KESPER, Dortmund, herzlich für seine Anregungen zur textlichen Gestaltung und zur Wahl der Bezeichnungen danken. Ebenfalls sage ich dem Springer-Verlag besten Dank für die Übernahme des Druckes und die damit verbundenen Bemühungen.

Karlsruhe, April 1956　　　　　　　　　　　　**Günter Utescher**

Inhaltsverzeichnis

Zusammenstellung der verwendeten Bezeichnungen

( )		Formelhinweise
a		Abstand des Schwerpunktes des Betonquerschnittes vom Stahlträger-Schwerpunkt
a_b		Abstand des Schwerpunktes des Betonquerschnittes vom Schwerpunkt des Verbundquerschnittes
b		mitwirkende Plattenbreite
d		Dicke der Betonplatte
e		Basis der natürlichen Logarithmen
h_s		Abstand des Stahlträger-Schwerpunktes von Oberkante Betonplatte
i_b		Trägheitsradius des Betonquerschnittes
i_{st}		Trägheitsradius des Stahlquerschnittes
n		Verhältnis der Elastizitätsmoduln von Stahl und Beton
p	(22)	Kurzbezeichnungen in der Bemessungsgleichung für Blechträger
q	(23)	
r_1	(51)	Kurzbezeichnungen in der Kriech- und Schwinduntersuchung nach Müller
r_2	(52)	
s_b		Abstand des Schwerpunktes des Betonquerschnittes von Unterkante Stahlträger
s_i		Abstand des Schwerpunktes des Verbundquerschnittes vom Untergurt-Schwerpunkt
s_i'		Abstand des Schwerpunktes des Verbund-Grundquerschnittes vom Untergurt-Schwerpunkt
s_{st}		Abstand des Stahlträger-Schwerpunktes vom Untergurt-Schwerpunkt
s_{st}'		Abstand des Schwerpunktes des Stahl-Grundquerschnittes vom Untergurt-Schwerpunkt
t_0		Zeitpunkt *vor* Beginn des Kriechens und Schwindens
t_E		Zeitpunkt *nach* Abschluß des Kriechens und Schwindens
$\Delta t°$		Temperaturänderung
x		Abstand der Spannungs-Nullinie von Oberkante Betonplatte
z		Abstand des Schwerpunktes der Betondruckzone vom Stahlträger-Schwerpunkt
A	(13)	Kurzbezeichnungen bei der Bemessung von Blechträgern
B	(14)	
C	(15)	
D	(16)	
D		Beton-Druckkraft
E_b		Elastizitätsmodul des Betons
E_{bi}	(43)	ideeller Elastizitätsmodul des Betons zur Berücksichtigung des Lastkriechens
E_{bs}	(53)	ideeller Elastizitätsmodul des Betons zur Berücksichtigung des Schwindkriechens
E_{st}		Elastizitätsmodul des Stahles
F_b		Querschnitt der mitwirkenden Betonplatte
$F_b' = F_b/n$		reduzierter Betonquerschnitt
F_{go}		Querschnitt des Stahlträger-Obergurtes
F_{gu}		Querschnitt des Stahlträger-Untergurtes
F_i		ideelle Querschnittsfläche des Verbundquerschnittes
F_i'		ideelle Querschnittsfläche des Verbund-Grundquerschnittes
F_{st}		Querschnitt des Stahlträgers
F_{st}'		Querschnitt des Stahl-Grundquerschnittes
J_b		Trägheitsmoment der mitwirkenden Betonplatte

$J_b' = J_b/n$ reduziertes Trägheitsmoment der Betonplatte

J_i ideelles Trägheitsmoment des Verbundquerschnittes

J_i' ideelles Trägheitsmoment des Verbund-Grundquerschnittes

J_{st} Trägheitsmoment des Stahlquerschnittes

J_{st}' Trägheitsmoment des Stahl-Grundquerschnittes

K (49)   Kurzbezeichnung bei der Kriech-, Schwind- und Temperaturuntersuchung[1]

M_b auf den Betonquerschnitt einwirkender Momentenanteil bei Kriech-, Schwind- und Temperaturuntersuchung[1]

M_{st} 1. auf den Stahlträger *vor* Aufbringen der Betonplatte einwirkendes äußeres Moment

       2. auf den Stahlquerschnitt einwirkender Momentenanteil bei Kriech-, Schwind- und Temperaturuntersuchung[1]

M_v auf den Verbundträger *nach* Erhärten der Betonplatte einwirkendes äußeres Moment

$M_{v,\,Kr}$ ständig vorhandener Anteil von M_v

$M_{v,\,P}$ zeitweise vorhandener Anteil von M_v

N auf den Betonquerschnitt bzw. auf den Stahlquerschnitt einwirkende Normalkraft bei der Kriech-, Schwind- und Temperaturuntersuchung[1]

S wie J_i: ideelles Trägheitsmoment des Verbundquerschnittes

W_b Widerstandsmoment des Betonquerschnittes

W_i Widerstandsmoment des Verbundquerschnittes zum Zeitpunkt t_0

$W_{i,\,E}$ Widerstandsmoment des Verbundquerschnittes zum Zeitpunkt t_E

W_{st} Widerstandsmoment des Stahlquerschnittes

W_i^* (19)
W_{st}^* (20)   } Bemessungskennwerte

Z Stahl-Zugkraft

α Wärmedehnzahl

ε_s Schwindmaß

μ (37)   Verhältnis des Stahlquerschnittes zum reduzierten Betonquerschnitt

ν (2)   Verhältnis des Verbund-Grundquerschnittes zum Stahl-Grundquerschnitt

ϱ (1)   Verhältnis des Untergurtquerschnittes zum Stahl-Grundquerschnitt

ϱ_i (29)   Verhältnis des Untergurtquerschnittes zum Verbund-Grundquerschnitt

$\varDelta\sigma_{Kr}$ Umlagerungsspannung infolge Kriechens

$\varDelta\sigma_{Schw}$ Schwindspannung

φ Kriechmaß

1
2
3   } (als Index): Bezeichnung der Querschnittsfaser gemäß Abb. 2, 5 oder 14
4

---

[1] Bei der Kriechuntersuchung nur für den Nachweis nach MÜLLER erforderlich.

A. Einführung

Das im folgenden beschriebene Verfahren ist zunächst für die Bemessung freiaufliegender, auf Biegung beanspruchter Verbundträger gedacht, wobei ein Teil der Belastung auf den Stahlquerschnitt allein einwirken kann. Bei einiger Erfahrung kann man jedoch mit Hilfe der abgeleiteten Ausdrücke auch für die Bemessung durchlaufender Verbundtragwerke erhebliche Arbeitsersparnisse erzielen.

Da der ein Verbundbauwerk bearbeitende Statiker die Vorschriften DIN 1078 (Verbundträger-Straßenbrücken), DIN 4239 (Verbundträger-Hochbau) sowie DIN 4227 (Spannbeton) und die Erläuterungen zu diesen Vorschriften beherrschen sollte, wird die Kenntnis dieser maßgebenden Bestimmungen vorausgesetzt.

Mit Rücksicht darauf, daß die genannten Vorschriften im Zuge der noch nicht abgeschlossenen Entwicklung wohl noch Änderungen unterworfen sein werden, ist das Verfahren so allgemein wie möglich gehalten. Es ist daher nicht auf festliegende zulässige Spannungen abgestellt. Auch wird nur mit der reduzierten Betonfläche $F_b' = F_b/n$ gerechnet, so daß jeder beliebige Beton-E-Modul berücksichtigt werden kann.

Die Abmessungen der mitwirkenden Stahlbetonplatte werden stets als gegeben vorausgesetzt.

Dem Bemessungsverfahren liegen folgende aus der Praxis gewonnene Erkenntnisse zugrunde:

a) Die Untergurtspannung ist in den meisten Fällen für die Bemessung maßgeblich.

b) Die durch Kriechen und Schwinden ausgelösten Spannungen des Stahluntergurtes sind kleinen Änderungen des Stahlquerschnittes gegenüber nur wenig empfindlich. Wird die im Untergurt durch Kriechen und Schwinden hervorgerufene Spannungsänderung für einen zunächst vorläufig berechneten Verbundquerschnitt ermittelt, so kann sie auch nach Vornahme einer geringfügigen Querschnittskorrektur als zutreffend angesehen werden.

c) Die Stahlträger-Randspannungen aus Temperaturunterschieden, die als Zusatzspannungen gelten, sind in der Regel für die Bemessung des Stahluntergurtes nicht ausschlaggebend.

Es ergibt sich daraus folgender Bemessungsvorgang:

1. Schritt: Die Spannungsänderung des Untergurtes infolge Kriechen und Schwinden wird zunächst mit Hilfe von Näherungsformeln geschätzt.

2. Schritt: Unter Zugrundelegung der dann zum Zeitpunkt t_0, d. h. *vor* Eintritt des Kriechens und Schwindens noch zulässigen Untergurtspannung wird der erforderliche Stahlquerschnitt nach Größe und Art der Verteilung rechnerisch ermittelt.

3. Schritt: Für den so erhaltenen Verbundquerschnitt werden die Kriech- und Schwindspannungen des Untergurtes genau errechnet.

4. Schritt: Die zum Zeitpunkt t_0 zulässige Untergurtspannung wird entsprechend berichtigt und eine einmalige und in der Regel geringfügige Korrektur der Stahlquerschnittsfläche vorgenommen.

Mit einer nur einmaligen Korrektur erhält man somit einen Verbundquerschnitt, dessen Untergurtspannung einen für den maßgebenden Zeitpunkt t_E vorgegebenen Wert erreicht.

Während die Bemessung (Schritt 2 und 4) über den ideellen Verbundquerschnitt (F_i, J_i) erfolgt, können Kriech- und Schwindspannungen nach jedem beliebigen Verfahren ermittelt werden. Es wird jedoch die Benutzung der in Abschn. D und E aufgeführten Formeln empfohlen, mit deren Hilfe unter Weiterverwendung der bereits für die Bemessung notwendigen Querschnittswerte auf kürzestem Wege die Beanspruchung aus Kriechen und Schwinden erhalten wird.

Ergibt sich — beispielsweise im Fall eines sehr großen auf den Stahlträger allein einwirkenden Momentenanteiles M_{st} — daß der Stahlobergurt stärker ausgebildet werden muß, als es aus konstruktiven Gründen ohnehin notwendig ist, so kann, wie in Abschn. B 5 gezeigt wird, mit verhältnismäßig geringem zusätzlichem Rechenaufwand die Bemessung auch auf den Stahlobergurt ausgedehnt werden. Wird dagegen die Betondruckspannung zu groß, so ist — abgesehen von der Anordnung elastischen oder teilweisen Verbundes — mit einer Verstärkung des Stahlquerschnittes nichts zu erreichen. Es bleibt dann nur die Möglichkeit, weitere Teile der ständigen Last auf den Stahlträger allein wirken zu lassen und so die Betonplatte zu entlasten.

Für die Bestimmung des erforderlichen Stahlquerschnittes werden zwei grundsätzlich voneinander verschiedene Wege eingeschlagen. Während bei der Verwendung von zusammengesetzten Blechträgern eine rein rechnerische Behandlung am schnellsten zum Ziele führt, ergibt für Walzprofile (IP und I NP) eine Aufstellung von Bemessungstafeln die übersichtlichste und vielseitigste Lösung.

Bei der Ableitung der Bemessungsformel für Blechträger wurde besonderer Wert auf einen Rechengang gelegt, der gegen Rechenschieber-Ungenauigkeiten wenig empfindlich ist. In den Kurventafeln für Walzprofile entspricht die Ablesegenauigkeit für Trägerhöhen bis zu 40 cm herunter ebenfalls etwa der des Rechenschiebers. Eine geringere Genauigkeit für die niederen Profile wurde in Kauf genommen, da diese in den meisten Fällen unter Trägergruppe I der DIN 4239 fallen werden, wobei dann eine Bemessung nach dem vereinfachten Verfahren gemäß den Erläuterungen zur DIN 4239, Absatz 8. 31 vorteilhaft ist. Für diese Träger sind als Ergänzung Tragfähigkeitstafeln beigefügt, aus denen sofort Stahlträgerprofil und Verbundträgerhöhe gewählt werden können.

Es sei an dieser Stelle noch erwähnt, daß sich im Hochbau oftmals eine erhebliche Stahlersparnis durch Zusammenschweißen eines halbierten Peinerträgers mit einem halbierten Normalprofil als Obergurt erreichen läßt. Für die vielen sich daraus ergebenden Kombinationsmöglichkeiten wurde noch keine befriedigende Lösung des Bemessungsproblemes gefunden. Die Kurventafeln der Peinerträger geben jedoch immerhin einen Anhalt für das zu wählende Profil.

Sollen Walzträger durch eine Untergurtplatte verstärkt werden, so kann die Bemessung durch eine kombinierte Anwendung der Kurventafeln und der Bemessungsformel durchgeführt werden.

Ein besonderer Vorteil der angegebenen Verfahren wird darin gesehen, daß sich nach Ermittlung des Stahlquerschnittes über das Widerstandsmoment des Untergurtes und Abstand der 0-Achse sofort auch alle anderen Randspannungen angeben lassen. Lediglich Schwind- und Temperaturbeanspruchung erfordern wegen des nicht stetigen Spannungsdiagrammes einen besonderen Nachweis für jede Faser.

B. Blechträger

1. Ableitung der Bemessungsgleichung

Im Brückenbau als dem Hauptanwendungsgebiet der Blechträger ist im allgemeinen neben den Abmessungen der Stahlbetonplatte auch die Trägerhöhe vorgegeben. Der Stahlobergurt ist in der Regel nach konstruktiven Gesichtspunkten (Seitensteifigkeit, Anschluß der Dübel) zu wählen, während die Stegblechdicke nach Erfahrungswerten festzulegen ist und überdies einen nur unbedeutenden Einfluß auf die Bemessung hat.

Es ist also ein Stahl-Grundquerschnitt, bestehend aus Stahlobergurt und Stegblech, und ein Verbund-Grundquerschnitt, gebildet durch Stahl-Grundquerschnitt und Stahlbetondruckplatte als bekannt vorauszusetzen (Abb. 1). Ist die Verwendung eines Nietträgers vorgesehen, so zählen auch die vier Gurtwinkel noch zum Stahl-Grundquerschnitt. Die Werte des ersten werden im folgenden mit F'_{st} und J'_{st}, die Werte des zweiten mit F'_i und J'_i bezeichnet. Der Beistrich kennzeichnet also die statischen Werte der Grundquerschnitte. Außerdem wird der Beistrich in der Bedeutung der Reduktion auf die $1/n$-fachen Werte gemäß DIN 4239 verwendet: $F_b/n = F'_b$; $J_b/n = J'_b$.

Die Bemessungsaufgabe besteht nun darin, für ein gegebenes Momentenpaar M_{st} (auf den Stahlträger allein wirkend) und M_v (auf den Verbundträger wirkend) bei Einhaltung einer bestimmten Untergurtspannung die zusätzlich zum Grundquerschnitt erforderliche Untergurtfläche F_{gu} zu bestimmen. Zu dieser Bestimmung wird zweckmäßig der Untergurt F_{gu} als Ergänzung zum Stahl-Grundquerschnitt F'_{st} aufgefaßt, der zu diesem im Verhältnis ϱ steht, d. h.

$$F_{gu} = \varrho \cdot F'_{st} . \tag{1}$$

Es gilt, ϱ als einzige Unbekannte der aufzustellenden Rechnung zu bestimmen. Ferner werden zweckmäßig hierbei alle Schwerpunktsabstände auf die geschätzte Untergurtschwerachse bezogen. Als Bezeichnung für diese Abstände wird s gewählt.

Nebenbei sei hier erwähnt, daß die Betrachtung der Untergurt-Schwerpunktsfaser in Übereinstimmung mit der neuerlichen Gepflogenheit steht, den Spannungsnachweis nur für diese Schwerpunktsfaser gemäß BE/22.2 zu führen.

Zur Festlegung der Schwerpunktsabstände s aller übrigen Querschnittsteile vom Untergurtschwerpunkt bedarf es einer Abschätzung nur der Untergurtdicke. Fehler innerhalb dieser Schätzung sind für den folgenden Berechnungsgang völlig belanglos.

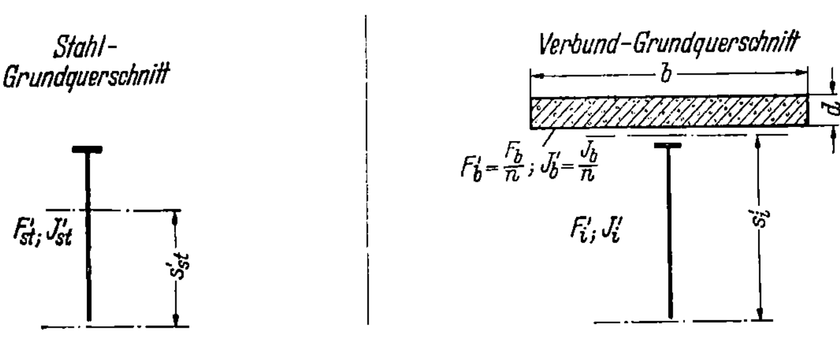

Abb. 1

Nach Hinzufügen des Untergurtes F_{gu} ergeben sich die endgültigen Querschnitte

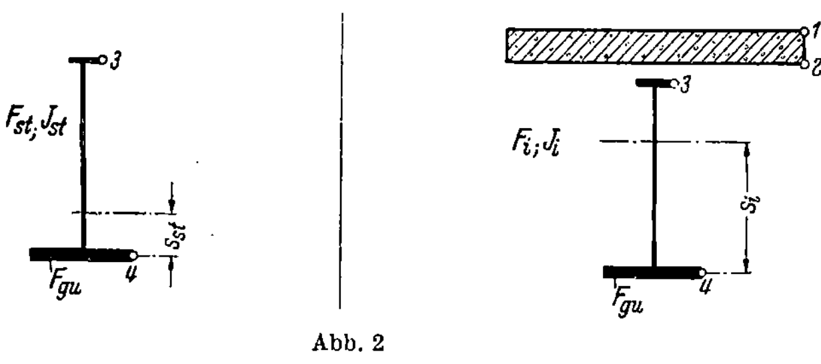

Abb. 2

Die Bezeichnung der Fasern erfolgt in der auch von SATTLER [4] gewählten Weise mit den Zahlen 1 bis 4.

Zwischen Stahl-Grundquerschnitt und Verbund-Grundquerschnitt besteht die Beziehung

$$F'_i = v \cdot F'_{st}.\tag{2}$$

Nach obigen Bezeichnungen werden nun die Querschnittswerte für Stahlträger und Verbundträger in Abhängigkeit von ϱ entwickelt.

$$F_{st} = F'_{st}(1 + \varrho), \tag{3}$$

$$F_i = F'_{st}(v + \varrho), \tag{4}$$

$$s_{st} = \frac{s'_{st}}{1 + \varrho}, \tag{5}$$

$$s_i = \frac{v \cdot s'_i}{v + \varrho}, \tag{6}$$

$$J_{st} = J'_{st} + F'_{st}(s'_{st} - s_{st})^2 + F_{gu} \cdot s_{st}^2 =$$
$$= J'_{st} + F'_{st}\left(s'_{st} - \frac{s'_{st}}{1+\varrho}\right)^2 + \varrho \cdot F'_{st}\left(\frac{s'_{st}}{1+\varrho}\right)^2,$$

$$J_i = J'_i + F'_i(s'_i - s_i)^2 + F_{gu} \cdot s_i^2 =$$
$$= J'_i + v F'_{st}\left(s'_i - \frac{v \cdot s'_i}{v+\varrho}\right)^2 + \varrho F'_{st}\left(\frac{v \cdot s'_i}{v+\varrho}\right)^2,$$

$$J_{st} = J'_{st} + F'_{st} \cdot s_{st}'^2 \frac{\varrho}{1+\varrho}, \tag{7}$$

$$J_i = J'_i + F'_{st} \cdot s_i'^2 \frac{v \cdot \varrho}{v+\varrho}, \tag{8}$$

$$W_{st4} = \frac{J_{st}}{s_{st}} = J'_{st}\frac{1+\varrho}{s'_{st}} + F'_{st} \cdot s'_{st} \cdot \varrho, \tag{9}$$

$$W_{i4} = \frac{J_i}{s_i} = J'_i\frac{v+\varrho}{v \cdot s'_i} + F'_{st} s'_i \cdot \varrho. \tag{10}$$

Oder nach ϱ geordnet:

$$W_{st4} = \frac{J'_{st}}{s'_{st}} + \varrho\left(\frac{J'_{st}}{s'_{st}} + F'_{st} \cdot s'_{st}\right),$$

$$W_{i4} = \frac{J'_i}{s'_i} + \varrho\left(\frac{J'_i}{v \cdot s'_i} + F'_{st} \cdot s'_i\right)$$

und mit Kurzzeichen (A, B, C, D) geschrieben:

$$W_{st4} = A + \varrho(A + C), \tag{11}$$

$$W_{i4} = B + \varrho\left(\frac{B}{v} + D\right), \tag{12}$$

wobei

$$A = J'_{st}/s'_{st}, \tag{13}$$

$$B = J'_i/s'_i, \tag{14}$$

$$C = F'_{st} \cdot s'_{st}, \tag{15}$$

$$D = F'_{st} \cdot s'_i \tag{16}$$

aus den Grundquerschnitten bekannte Größen sind.

Für die Bemessung, d. h. für die Berechnung von ϱ als der einzigen unbekannten Größe, besteht nun die Bedingungsgleichung

$$\frac{M_{st}}{W_{st_4}} + \frac{M_v}{W_{i_4}} = \sigma_4 \,, \tag{17}$$

wobei σ_4 die für den Zeitpunkt t_0 vorgegebene Untergurtspannung ist.

Führt man für W_{st_4} und W_{i_4} die oben entwickelten und von ϱ abhängigen Ausdrücke Gl. (11) und (12) ein, so erhält man die Bestimmungsgleichung für ϱ in folgender Form:

$$\frac{M_{st}}{A + \varrho\,(A + C)} + \frac{M_v}{B + \varrho\left(\dfrac{B}{v} + D\right)} = \sigma_4 \,. \tag{18}$$

Die Einführung der die Querschnittsform bestimmenden und kennzeichnenden Werte — später Bemessungskennwerte genannt —

$$W_{st}^* = \frac{M_{st}}{\sigma_4} \,, \qquad (19) \;\Big|\; W_i^* = \frac{M_v}{\sigma_4} \qquad (20)$$

ergibt

$$\frac{W_{st}^*}{A + \varrho\,(A + C)} + \frac{W_i^*}{B + \varrho\left(\dfrac{B}{v} + D\right)} = 1 \,.$$

Diese Gleichung, mit beiden Nennern multipliziert und nach ϱ geordnet, führt zu der quadratischen *Bemessungsgleichung*

$$\boxed{\varrho^2 + p \cdot \varrho + q = 0} \,, \tag{21}$$

wobei

$$p = -\left[\frac{W_{st}^* - A}{A + C} + \frac{W_i^* - B}{\dfrac{B}{v} + D}\right] \tag{22}$$

und

$$q = -\frac{B\,(W_{st}^* - A) + A\,W_i^*}{(A + C) \cdot \left(\dfrac{B}{v} + D\right)} \tag{23}$$

ist.

2. Durchführung der Bemessung

1. Schritt: Abschätzen der Kriech- und Schwindspannung

In der Regel ist die Untergurtspannung zur Zeit t_E für die Bemessung maßgeblich. Für die Spannungsänderung durch Kriechen und Schwinden werden zunächst Schätzwerte eingesetzt.

Die Umlagerungsspannung infolge des Beton-Kriechens kann zunächst als

$$\Delta\,\sigma_{4,\,Kr} \sim zul\,\sigma_4\,\frac{M_{v,\,Kr}}{M_{st} + M_v} \cdot 0{,}035\,\varphi_\infty \tag{24}$$

ermittelt werden, wobei

$M_{v,\,Kr}$ der ständig vorhandene Anteil des auf den Verbundquerschnitt wirkenden Momentes,

φ_∞ das Endkriechmaß nach DIN 4227 und

$zul\,\sigma_4$ die nach Abschluß des Schwindens und Kriechens zulässige Stahlspannung ist.

Das Vorzeichen von M_{st} ist dabei zu beachten.

Für die Schwindspannung ergibt die bereits von SCHRADER [7] vorgeschlagene Schätzformel

$$\Delta\,\sigma_{4,\,Schw} \sim \varepsilon_s \cdot 250\,[\text{t/cm}^2] \tag{25}$$

eine recht gute Näherung, wobei ε_s das Endschwindmaß gemäß DIN 4227 ist.

2. Schritt: **Berechnen des vorläufigen Untergurtquerschnittes**

Nach Errechnung der Grundquerschnittswerte (Abb. 1) ist an Hand der Schätzformeln (24) und (25) die zum Zeitpunkt t_0 zulässige Untergurtspannung festzulegen als

$$\sigma_4 = zul\,\sigma_4 - \Delta\,\sigma_{4,\,Kr} - \Delta\,\sigma_{4,\,Schw} \tag{26}$$

und über Gl. (19) und (20) sowie Gl. (13) bis (16) nach der Bemessungsgleichung (21) der Wert ϱ und damit der erforderliche Untergurtquerschnitt

$$F_{gu} = \varrho \cdot F_{st}' \tag{1}$$

zu errechnen.

3. Schritt: **Berechnen der Kriech- und Schwindspannung**

Für den so erhaltenen Querschnitt (Abb. 2) werden die Untergurtspannungen aus Kriechen und Schwinden genau berechnet. (Vgl. Abschn. D und E.)

4. Schritt: **Berechnen des endgültigen Untergurtquerschnittes**

Mit der verbesserten zur Zeit t_0 zulässigen Untergurtspannung σ_4 wird — wiederum über Gl. (19), (20) und (21) — der Untergurtquerschnitt korrigiert. Die Festwerte A bis D bleiben unverändert, da sie zu den Grundquerschnitten gehören.

Ist die Abweichung von σ_4 nur gering, erhält man auch genau genug durch proportionale Umrechnung

$$erf\,\varrho = \varrho\ (2.\ \text{Schritt})\,\frac{\sigma_4\ (1.\ \text{Schritt})}{\sigma_4\ (3.\ \text{Schritt})}\,. \tag{27}$$

Für den nun endgültigen Verbundträgerquerschnitt kann jetzt der genaue Spannungsnachweis für alle Fasern erbracht werden. Man errechnet durch Einsetzen von ϱ über Gl. (11) und (12) die vorhandenen Widerstandsmomente W_{st4}, W_{i4} und $W_{i4,\,E}$ entsprechend Abschn. D 2a und erhält über den jeweiligen 0-Linien-Abstand nach Gl. (5) und (6) die Widerstandsmomente der übrigen Fasern.

Temperaturspannungen können nach Abschn. F ermittelt werden. Die Schnittkräfte infolge Schwindens kann man im allgemeinen genau genug aus dem 3. Schritt übernehmen, da die sich aus dem nicht voraussehbaren tatsächlichen Verhalten des Betons ergebenden Schwankungen weitaus größer sind als die Korrekturen, die man bei einem nochmaligen Nachweis für den endgültigen Querschnitt erhält.

Überwiegt das auf den Verbundquerschnitt wirkende Moment M_v das auf den Stahlträger allein einwirkende Moment M_{st} erheblich, so empfiehlt es sich, nach dem 2. Schritt zunächst einmal über Gl. (12) und (6) zu überprüfen, ob die Betondruckspannung σ_1, für die ja der Zeitpunkt t_0 maßgeblich ist, im zulässigen Bereich bleibt.

3. Der Sonderfall $M_v = M_{v,\,Kr}$,

(d. h. die gesamte auf den Verbundquerschnitt wirkende Belastung ist ständig vorhanden).

Bei der Bemessung von Hochbau-Verbundträgern ist nach DIN 4239, Absatz 8.32 anzunehmen, daß auch die Verkehrslast in voller Höhe ständig wirkt. In diesem Fall wird die Bemessung des Untergurtes sofort für den Zeitpunkt t_E durchgeführt. In Schritt 1 und 3 ist dann nur noch die Schwindspannung $\Delta\sigma_{4,\,Schw}$ zu ermitteln, während im Schritt 2 die Verbund-Grundquerschnittswerte unter Benutzung des dem ideellen Beton-E-Modul nach Gl. (43) entsprechenden n-Wertes berechnet werden.

Die Bemessungskennwerte W_{st}^{*} [Gl. (19)] und W_{i}^{*} [Gl. (20)] sind dann mit

$$\sigma_4 = zul\,\sigma_4 - \Delta\,\sigma_{4,\,Schw} \tag{28}$$

zu bestimmen.

4. Der Sonderfall $M_{st} = 0$,

(d. h. Verbundwirkung für die *gesamte* Belastung).

Durch Einbau einer größeren Anzahl von Montagestützen werden die auf den Stahlträger allein einwirkenden Momente M_{st} vernachlässigbar gering. Die Bemessung allein für M_v läßt eine erhebliche Vereinfachung der Bemessungsgleichung zu.

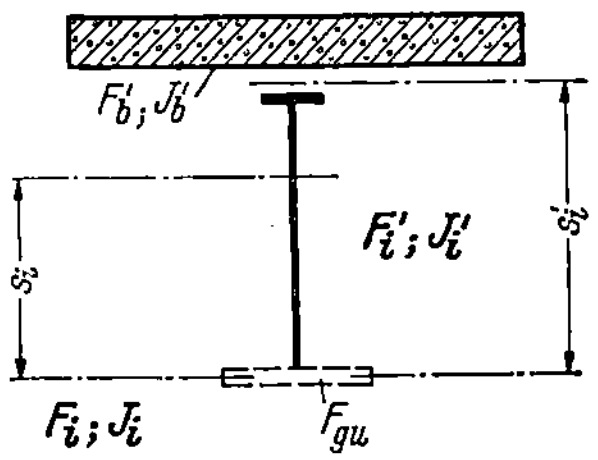

Der Ergänzungsquerschnitt F_{gu} wird jetzt auf den Verbund-Grundquerschnitt bezogen:

$F_b'; J_b'$

$F_i'; J_i'$

$F_i; J_i$ F_{gu}

Abb. 3

$$F_{gu} = \varrho_i \cdot F_i' \, . \tag{29}$$

Dann ist

$$F_i = F_i'\,(1 + \varrho_i)\,, \tag{30}$$

$$s_i = \frac{s_i'}{1 + \varrho_i}, \tag{31}$$

$$J_i = J_i' + F_i'\,(s_i' - s_i)^2 + F_{gu}\cdot s_i^2 = J_i' + F_i'\left(s_i' - \frac{s_i'}{1 + \varrho_i}\right)^2 + \varrho_i\cdot F_i'\left(\frac{s_i'}{1 + \varrho_i}\right)^2,$$

$$J_i = J_i' + F_i'\,s_i'^2\,\frac{\varrho_i}{1 + \varrho_i}\,, \tag{32}$$

und

$$W_{i4} = \frac{J_i}{s_i} = J_i'\,\frac{1 + \varrho_i}{s_i'} + F_i'\cdot s_i'\cdot\varrho_i\,. \tag{33}$$

Der Sonderfall $M_{st} = 0$ läßt Gl. (17) übergehen in

$$W_{i4} = M/\sigma_4\,. \tag{34}$$

Somit ist W_{i4} als gegeben anzusehen. Der Verhältniswert ϱ_i läßt sich aus Gl. (33) bestimmen. Man erhält die Bemessungsgleichung

$$\boxed{\varrho_i = \frac{W_{i4}\cdot s_i' - J_i}{F_i'\cdot s_i'^2 + J_i'}} \tag{35}$$

Der Gang der Bemessung bleibt so, wie er in Abschn. B 2 beschrieben wurde.

5. Verstärkung des Stahlobergurtes

Ergibt der im Anschluß an die Bemessung für alle vier Querschnittsränder zu führende Spannungsnachweis, daß der zunächst gewählte Stahlobergurt (Punkt a in Abb. 4) mit der Spannung σ_3 (a) überbeansprucht ist, so schlage ich folgenden Weg der Querschnittsermittlung vor:

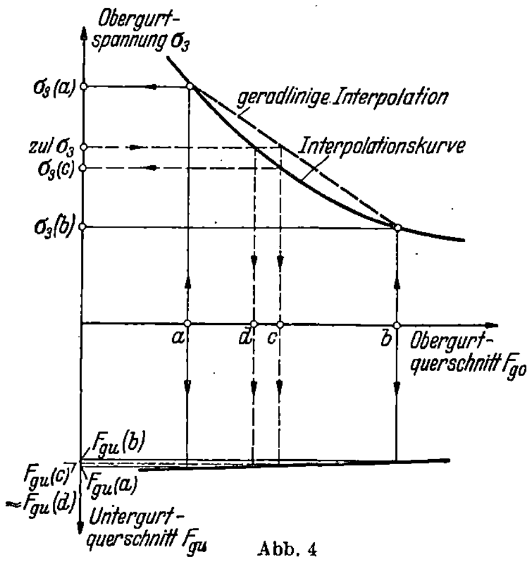

Der Bemessungsgang wird für einen zweiten Grundquerschnitt wiederholt. Dabei wählt man den Stahlobergurt so kräftig (b), daß seine Spannung σ_3 (b) die zulässige Grenze mit Sicherheit nicht mehr erreicht.

2. Interpoliert man jetzt geradlinig entsprechend der Spannung $zul\,\sigma_3$, so wird mit dem sich dann ergebenden Obergurt (c) die angestrebte Spannung $zul\,\sigma_3$ noch etwas unterschritten. Ein Nachweis würde vielmehr zu σ_3 (c) führen. Berücksichtigt man nun, daß ein großer Anteil der Obergurtspannung durch Kriechen und Schwinden hervorgerufen wird, also durch Einflüsse, deren Größe nur angenähert vorauszusehen ist, so kann die durch geradlinige Interpolation erhaltene Obergurtfläche (c) als hinreichend genau bemessen angesehen werden, zumal der Materialbedarf für den Obergurt verhältnismäßig gering und somit eine vollkommene Ausnutzung nicht unbedingt erforderlich ist.

3. Soll trotzdem $zul\,\sigma_3$ genau erreicht werden, so berechnet man die Spannung σ_3 (c), zeichnet durch den Schnittpunkt σ_3 (c) mit $F_{go}(c)$ die Interpolations*kurve* und erhält mit dieser für $zul\,\sigma_3$ den nunmehr genau bemessenen Obergurt (d).

4. Die erforderliche Untergurtfläche F_{gu} wird durch eine Änderung des Obergurtes nur sehr wenig beeinflußt. Hier ist in jedem Fall eine geradlinige Interpolation zwischen a und b genau genug.

Obergurt-spannung σ_3

σ_3 (a) — geradlinige Interpolation

$zul\,\sigma_3$ — σ_3 (c) — Interpolationskurve

σ_3 (b)

a d c b — Obergurt-querschnitt F_{go}

$F_{gu}(b)$

$F_{gu}(c)$ $F_{gu}(a)$ $F_{gu}(d)$ — Untergurt-querschnitt F_{gu}

Abb. 4

C. Walzprofil-Träger

1. Aufstellung der Bemessungstafeln

Wie schon eingangs erwähnt, wird für die Verbundträgerbemessung bei Verwendung von Walzprofilen ein grundsätzlich anderer Weg als bei der Blechträgerbemessung eingeschlagen. Als vorgegeben wird hier lediglich der Betonquerschnitt betrachtet, während für jedes beliebige Momentenpaar M_{st} und M_v aus Kurventafeln das Stahlträgerprofil mit der zugehörigen erforderlichen Verbundträgerhöhe gewählt werden kann.

Es wird je ein Satz von 12 Bemessungstafeln für I-Normalprofile (I N^P) und I-Breitflanschträger (I P) aufgestellt, wobei die reduzierte Betonfläche F'_b als Tafelfestwert gewählt wird. Da die maßgebende Untergurtspannung gegenüber einer Änderung der Betonfläche verhältnismäßig unempfindlich ist, kann durch geeignete Abstufung der Tafelfestwerte erreicht werden, daß eine geradlinige Interpolation zwischen den Ablesewerten zweier benachbarter Tafeln praktisch genaue Ergebnisse liefert.

Die Bezeichnungen werden entsprechend Abb. 5 festgelegt, wobei hier gemäß
DIN 4239 die Stahlträger-*Rand*spannung als maßgebend angesehen und deshalb
alle Abstände auf Stahlträger-Unterkante bezogen werden. Während bei der
Blechträgerbemessung die Stahlbetonplatte jede beliebige Form haben konnte,
ist hier zunächst entsprechend den im Hochbau allgemein vorliegenden Verhält-
nissen ein rechteckiger Betonquerschnitt voraus-
gesetzt. Auf Grund der gewählten Beziehungen kann
jedoch auch jede beliebige Form der Betonplatte
berücksichtigt werden, indem man mit der Ver-
gleichsplattendicke

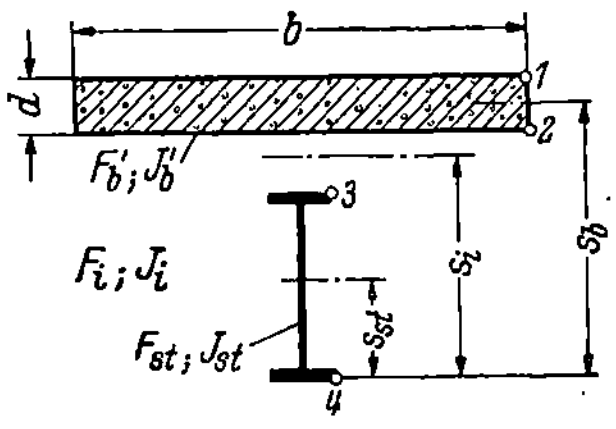

$$d_{vgl} = \sqrt{\frac{12 \cdot J_b'}{F_b'}} \tag{36}$$

Abb. 5

in die Tafeln eingeht und den Abstand s_b auf den Plattenschwerpunkt bezieht.

Zur Vereinfachung der Ausdrücke wird der Verhältniswert $\mu = F_{st}/F_b'$ ein-
geführt.

Dann ist

$$F_{st} = \mu \cdot F_b' \tag{37}$$

und

$$F_i = (1 + \mu) F_b' . \tag{38}$$

Ferner ist

$$s_i = \frac{s_b + \mu \cdot s_{st}}{1 + \mu} \tag{39}$$

und

$$J_i = J_{st} + F_b' \frac{d^2}{12} + (s_b - s_{st})^2 \frac{F_b' \cdot \mu \cdot F_b'}{(1 + \mu) F_b'} ,$$

$$J_i = F_b' \left[\frac{J_{st}}{F_b'} + \frac{d^2}{12} + \frac{\mu}{1 + \mu} (s_b - s_{st})^2 \right] \tag{40}$$

sowie

$$W_{i_4} = \frac{J_i}{s_i} = \frac{F_b'}{s_b + \mu \cdot s_{st}} \left[(1 + \mu) \left(\frac{J_{st}}{F_b'} + \frac{d^2}{12} \right) + \mu (s_b - s_{st})^2 \right] . \tag{41}$$

Gl. (40) und (41) werden lediglich für die Berechnung der Kurventafeln benutzt.

Es wird nun — wie bei den Blechträgern — gesetzt:

$$W_{st}^* = M_{st}/\sigma_4 \tag{19} \qquad \text{und} \qquad W_i^* = M_v/\sigma_4 , \tag{20}$$

mit σ_4 nach Gl. (26) bzw. (28).

Aus Gl. (17), (19) und (20) ergibt sich

$$\frac{W_{st}^*}{W_{st_4}} + \frac{W_i^*}{W_{i_4}} = 1 . \tag{42}$$

Durch Umformung erhält man die Verhältnisgleichung:

$$\frac{W_i^*}{W_{i_4}} = \frac{W_{st_4} - W_{st}^*}{W_{st_4}} ,$$

die gemäß Abb. 6 dargestellt werden kann, d. h.: Die Verbindungsgeraden (1 und 2) der einen Verbundquerschnitt kennzeichnenden Werte W_{i4} und W_{st4} mit den gegenüberliegenden Skalen-0-Punkten schneiden sich in einem Punkt B (später Querschnittspunkt genannt), durch den auch die Verbindungslinie (3) jedes Wertepaares W_i^* und W_{st}^* gehen muß, das der Bedingung (42) und somit auch Gl. (17), (19) und (20) genügen soll.

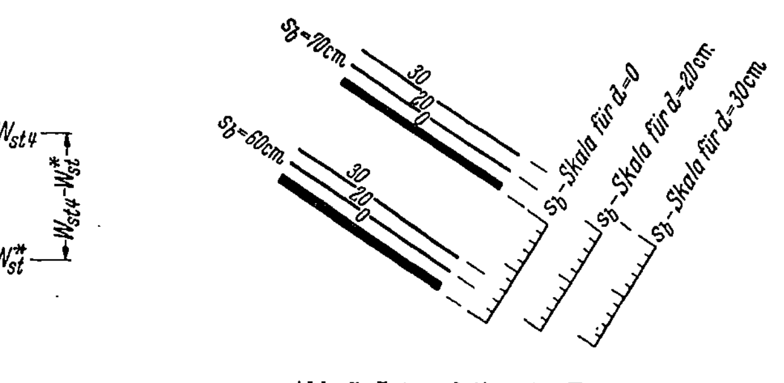

Abb. 6

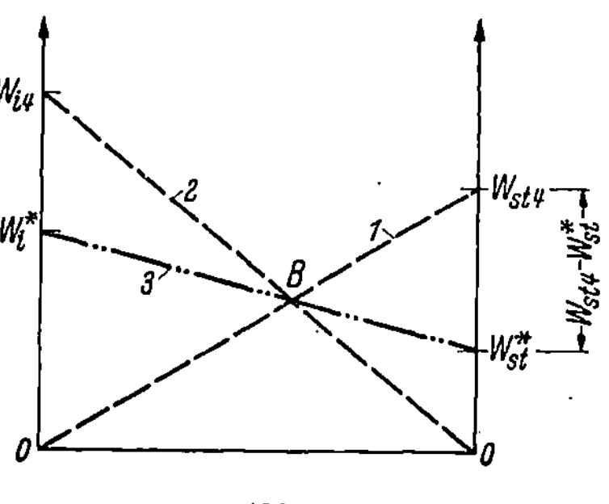

Abb. 7. Interpolation der Trägerhöhe s_b

In den Bemessungstafeln sind nun jeweils die Querschnittspunkte für die in Betracht kommenden Verbundquerschnitte — bestimmt durch Tafelfestwert F_b', Stahlträgerprofil, Verbundträgerhöhe s_b und Plattendicke d — eingetragen und, lediglich zur besseren Übersichtlichkeit, durch Kurvenscharen verbunden. Auf der Verbindungslinie eines gegebenen Wertepaares W_i^* und W_{st}^* (später Bemessungslinie genannt) kann dann — unter Beachtung der vorhandenen Plattendicke — für ein gewähltes Stahlträgerprofil die erforderliche Höhe s_b oder für eine verfügbare Höhe das erforderliche Stahlträgerprofil abgelesen werden.

2. Benutzung der Bemessungstafeln

Für Brückenträger und Hochbauträger der Gruppe II/DIN 4239 ist der Bemessungsgang grundsätzlich der gleiche wie bei den Blechträgern, also:

1. Schritt: Abschätzen der Kriech- und Schwindspannung.

2. Schritt: Wahl des vorläufigen Querschnittes.

3. Schritt: Berechnen der Kriech- und Schwindspannung.

4. Schritt: Korrektur des gewählten Querschnittes.

Für den 1. und 3. Schritt gelten die Angaben von Abschn. B 2. Die Wahl des Querschnittes (2. und 4. Schritt) wird folgendermaßen vorgenommen:

An Hand des gegebenen Momentenpaares M_{st} und M_v wird nach Gl. (19) und (20) W_{st}^* und W_i^* berechnet.

Jetzt wird, wie in Abb. 8 dargestellt, W_{st}^* und W_i^* geradlinig verbunden (Bemessungslinie) und ein Stahlträgerprofil mit der zugehörigen Höhe s_b entsprechend der vorhandenen Plattendicke d gewählt. In den Tafeln sind die Werte s_b mit je 10 cm Höhenunterschied abgestuft. Ist die Trägerhöhe zu interpolieren, so geschieht dies nach Abb. 7.

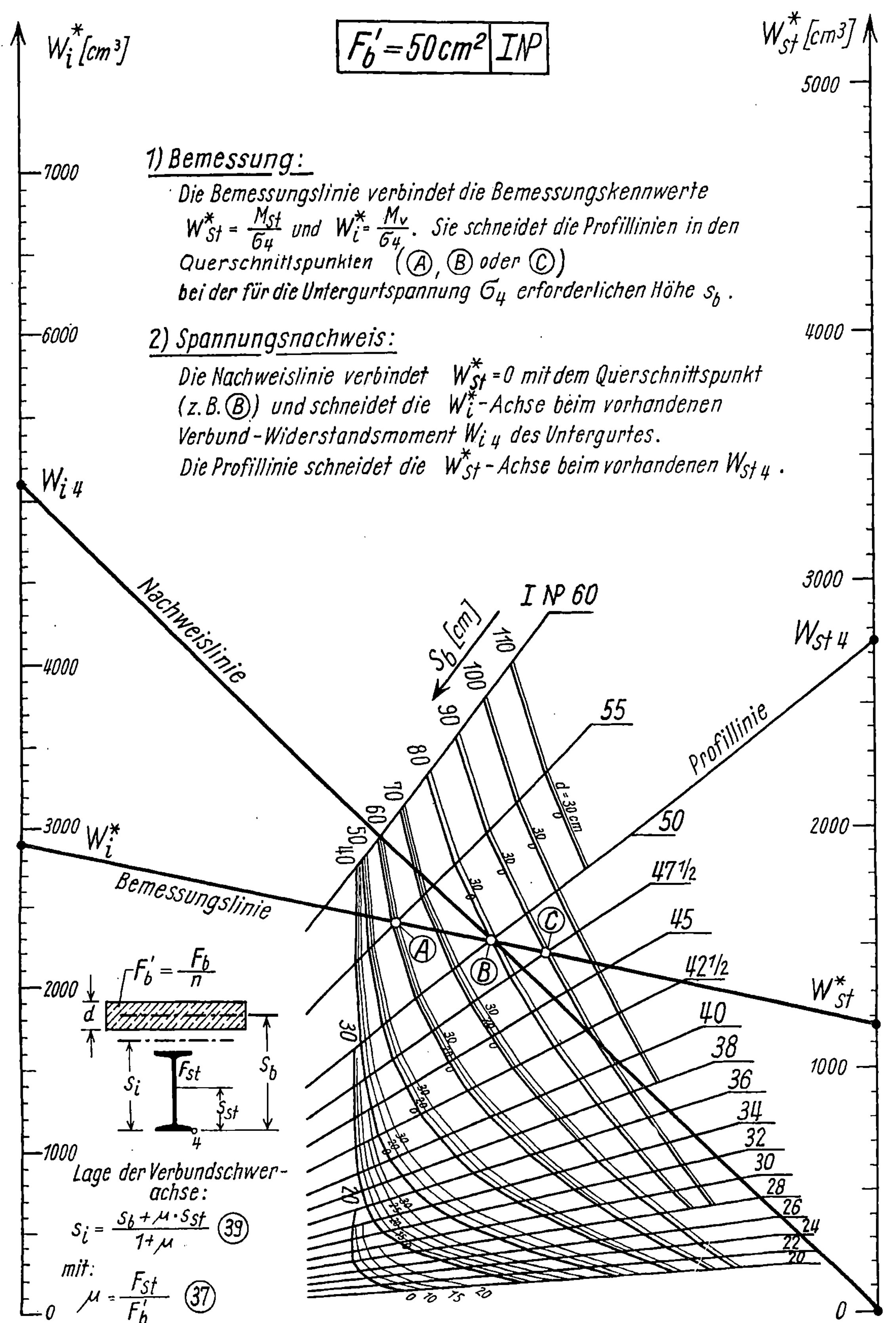

Abb. 8. Benutzung der Bemessungstafeln

Soll für den endgültig gewählten Querschnitt der Spannungsnachweis geführt werden, so liest man W_{i4} aus der Kurventafel ab (Abb. 8, Nachweislinie) und erhält über den Abstand s_i der 0-Linie von Stahlträger-Unterkante nach Gl. (39) die Widerstandsmomente der übrigen Fasern.

Schneidet die Nachweislinie die Achse W_i^* außerhalb der aufgetragenen Skala, so verlängert man diese durch einen angelegten Maßstab oder berechnet W_{i4} nach Gl. (41).

Braucht der Einfluß des Kriechens und Schwindens nicht nachgewiesen zu werden (Trägergruppe I/DIN 4239, sofern nicht die vereinfachte Bemessung nach Abschn. H in Betracht kommt), so ist selbstverständlich die Querschnittswahl mit $\sigma_4 = zul\,\sigma$ sofort endgültig durchzuführen.

Ist das *gesamte* Verbundmoment bei der Berechnung des Kriecheinflusses zu berücksichtigen, so ist nach Abschn. B 3 zu verfahren.

3. Verstärkung von Walzprofilen

Stellt sich bei Anwendung der Bemessungstafeln heraus, daß die zur Verfügung stehende Konstruktionshöhe nicht ausreicht, so bleibt neben der Wahl eines geringeren Trägerabstandes die Möglichkeit, den Stahlträger durch eine Untergurtplatte zu verstärken.

Die Grundquerschnittswerte entsprechend Abb. 1 können dann an Hand der Bemessungstafeln sofort angeschrieben werden. Die Schwerpunktsabstände wer-

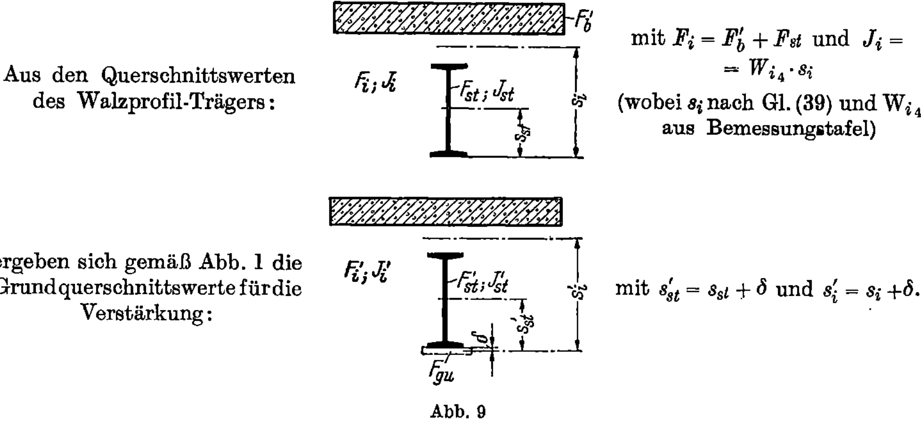

Aus den Querschnittswerten des Walzprofil-Trägers:

mit $F_i = F_b' + F_{st}$ und $J_i = W_{i4} \cdot s_i$ (wobei s_i nach Gl. (39) und W_{i4} aus Bemessungstafel)

ergeben sich gemäß Abb. 1 die Grundquerschnittswerte für die Verstärkung:

mit $s_{st}' = s_{st} + \delta$ und $s_i' = s_i + \delta$.

Abb. 9

den dabei auf die Achse der Verstärkungsplatte bezogen (Abb. 9). Bemessungsgang dann nach Abschn. B. Die Länge der Untergurtplatte wird nach Abschn. G bestimmt.

D. Kriechen

1. Wahl des Verfahrens

Verfahren zum Nachweis der zeitabhängigen Umlagerungsspannungen sind in großer Anzahl bekannt. (Vgl. Schrifttumshinweise bei [4] und [6].) Da ein exakter Nachweis dieser Spannungsänderungen für die Bedürfnisse der Praxis viel zu aufwendig ist, gingen die Bemühungen dahin, durch geeignete Vernachlässigungen möglichst zutreffende, jedoch leichter zu handhabende Näherungsformeln zu entwickeln, wobei gewisse Ungenauigkeiten mit in Kauf genommen wurden. Der einfachste Nachweis ist zweifellos nach dem von FRITZ [1] angegebenen Verfahren zu führen, das auf Vorschlägen DISCHINGERS beruht und die durch das Betonkriechen hervorgerufene Spannungsumlagerung durch Einführen eines ideellen Elastizitätsmoduls für den Beton berücksichtigt. Für den Zustand nach Abschluß des Kriechens ist also der Spannungsnachweis wie für ein kurzfristig einwirkendes Moment zu führen, wobei lediglich statt des wirklichen Beton-E-Moduls der ideelle Modul

$$E_{bi} = \frac{E_b}{1 + 1{,}1 \cdot \varphi} \tag{43}$$

einzusetzen ist.

Die Vornahme einer derart weitgehenden Vereinfachung macht eine Untersuchung über das Ausmaß der zu erwartenden Ungenauigkeiten erforderlich. SATTLER [5] schlägt als Kriterium für die Zulässigkeit irgendwelcher Vereinfachungen den Ausdruck

$$i = \frac{F_b' \cdot J_b'}{F_{st} \cdot J_{st}} \tag{44}$$

vor, der im Höchstfall den Wert 1,0 erreichen dürfe.

Nun liefert die allgemein als wesentlich angesehene prozentuale Abweichung der über ein Näherungsverfahren ermittelten Umlagerungsspannungen von exakt

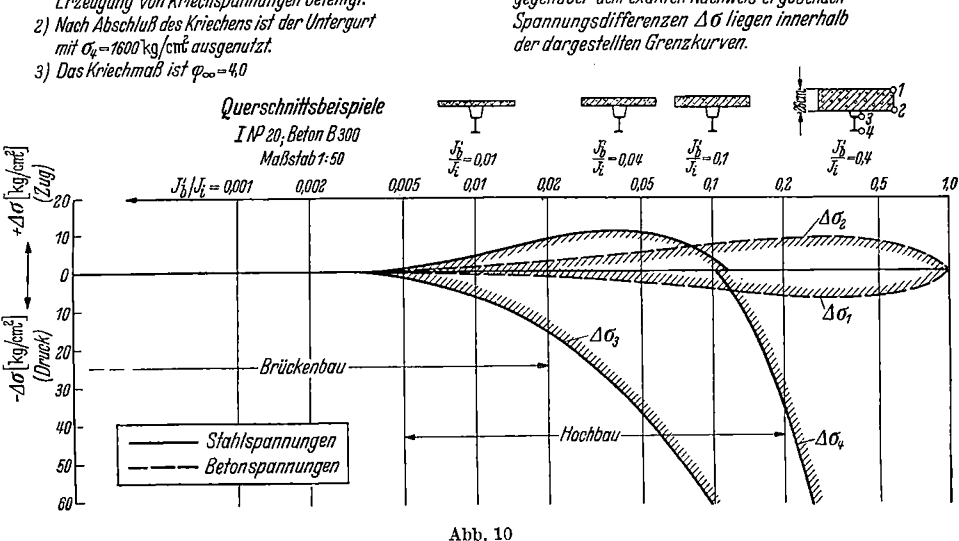

Abb. 10

errechneten noch keinen Anhalt für die den Statiker interessierende Ungenauigkeit der schließlich nachzuweisenden Gesamtbeanspruchung. Würde sich beispielsweise bei exaktem Nachweis eine Umlagerungsspannung von 100 kg/cm² ergeben und das auf einem bedeutend kürzeren Näherungswege erhaltene Ergebnis hiervon um 5% abweichen, so bedeutet dies eine Spannungsdifferenz von 5 kg/cm², welche bei einer Ausnutzung des Stahlträgers mit 1600 kg/cm² nur noch zu einer Ungenauigkeit von etwa 0,3% führt.

Um ein besseres Bild über die zu erwartenden Spannungsabweichungen zu erhalten, wurden für eine große Anzahl von Verbundquerschnitten die Umlagerungsspannungen infolge Kriechen einmal nach FRITZ über den ideellen E-Modul (43) und einmal nach dem praktisch exakten Verfahren von MÜLLER [2] errechnet und die sich ergebenden Spannungsdifferenzen aufgetragen (Abb. 10). Als Bezugswert wurde hierbei nicht der von SATTLER vorgeschlagene Ausdruck (44), sondern das als zutreffenderes Kriterium gefundene Verhältnis

$$\frac{\text{Betonsteifigkeit}}{\text{Verbundsteifigkeit}} = \frac{J_b'}{J_i}$$

gewählt.

Es lagen folgende Annahmen zugrunde:

a) Der Stahlträger-Untergurt ist nach Abschluß des Kriechens mit σ_1 = 1,6 t/cm² ausgenutzt.

b) Die *gesamte* Beanspruchung wirkt ständig auf den Verbundträger und ist somit an der Erzeugung von Kriechspannungen beteiligt.

c) Es tritt das nach DIN 4227 größtmögliche Endkriechmaß φ_∞ = 4,0 auf.

Als Elastizitätsmaß wurde für den Beton E_b = 300 000 kg/cm² eingesetzt.

Die somit unter denkbar ungünstigen Annahmen errechneten Spannungsdifferenzen lagen innerhalb der von den Kurven in Abb. 10 abgegrenzten Bereiche.

Es zeigt sich, daß spürbare Ungenauigkeiten erst bei einem Verhältnis J_b'/J_i $\geqq$ 0,01 auftreten. Während die Abweichungen bei Beton- und Stahlobergurtspannungen für freiaufliegende Träger auf der sicheren Seite liegen, wechseln sie für den Untergurt bei $J_b'/J_i \sim$ 0,1 nach der ungünstigen Seite, d. h. die Zugspannungen im Untergurt werden zu gering erhalten.

Aus den als Beispiel für einige Verhältnisse J_b'/J_i in Abb. 10 eingetragenen Verbundquerschnitten geht jedoch hervor, daß Steifigkeitsverhältnisse > 0,1 bereits sehr extreme Querschnittsabmessungen kennzeichnen. *Wann* in solchen Fällen ein genauer Nachweis angebracht ist, kann an Hand der dargestellten Grenzwertkurven jeweils entschieden werden. Dabei ist zu berücksichtigen, wie groß der Anteil des Kriechspannungen erzeugenden Momentes an der Gesamtbeanspruchung ist und welches Endkriechmaß in Rechnung gestellt werden muß.

2. Nachweis der Kriechspannungen nach FRITZ

a) Blechträger. Es ist oben dargelegt, daß in den weitaus meisten Fällen der Nachweis nach FRITZ genau genug ist.

Hierzu werden die Querschnittswerte F_b' und J_b' entsprechend dem ideellen E-Modul Gl. (43) neu bestimmt und die Kennwerte des Verbund-Grundquerschnittes F_i', s_i', J_i' und v umgerechnet. Bezeichnet man das sich dann nach Gl. (12) ergebende Verbundwiderstandsmoment mit $W_{i4, E}$, so ergibt sich die Umlagerungsspannung infolge Kriechen zu

$$\Delta \sigma_{4, Kr} = M_{v, Kr} \frac{W_{i4} - W_{i_1, E}}{W_{i4} \cdot W_{i4, E}} \tag{45}$$

Die übrigen Randspannungen erhält man wieder über den neuen 0-Linienabstand s_i nach Gl. (6).

b) Walzprofil-Träger. Hier ergibt sich ein besonders kurzer Weg. Es ist lediglich mit dem ideellen E-Modul Gl. (43) die reduzierte Betonfläche F'_b neu zu bestimmen und aus der entsprechenden Kurventafel das Verbundwiderstandsmoment $W_{i_4, E}$ mit Hilfe der Nachweislinie des gewählten Querschnittes zu entnehmen.

$\Delta \sigma_{4, Kr}$ wird dann wieder nach Gl. (45) errechnet, die übrigen Randspannungen über den 0-Linienabstand s_i nach Gl. (39) bestimmt.

3. Nachweis der Kriechspannungen nach Müller

Wird ein genauer Nachweis als erforderlich angesehen, so schlage ich vor, diesen nach den Näherungsansätzen von Müller [2] zu führen, die mit verhältnismäßig einfachen Formelausdrücken praktisch exakte Ergebnisse liefern. Müller weist im Rahmen seiner Dissertationsschrift [3] die Genauigkeit seiner Ansätze an dem in Abb. 11 dargestellten undenkbar extremen Querschnittsbeispiel nach, für welches sich bei $E_b = 210\,000\ \text{kg/cm}^2$ und $\varphi_\infty = 2,0$ gegenüber der exakten Lösung eine Abweichung von nur etwa 0,5% ergibt. Das Steifigkeitsverhältnis J'_b/J_i des dargestellten Querschnittes beträgt 0,42.

Der Vollständigkeit halber werden die Ansätze Müllers hier wiedergegeben. Der getrennte Nachweis für die Spannungsanteile aus Biegung und aus Normalkraft wird beibehalten. Lediglich werden statt der Steifigkeitswerte K_b, K_{st}, S_b und S_{st} in Übereinstimmung mit den oben bei der Bemessung verwendeten Bezeichnungen die Größen F'_b, F_{st}, J'_b und J_{st} eingesetzt.

Bei Einwirken eines durch ständige Belastung hervorgerufenen Biegemomentes $M_{v, Kr}$ auf den Verbundquerschnitt ist nach Abschluß des Kriechens:

$$N = M_{v,\,Kr}\,\frac{\dfrac{K}{S}}{r_1 - r_2}\,a\left[(1 + r_1)\,e^{r_1 \cdot \varphi} - (1 + r_2)\,e^{r_2 \cdot \varphi}\right], \qquad (46)$$

(N positiv bedeutet Druckkraft für den Beton)

$$M_b = M_{v,\,Kr}\,\frac{\dfrac{K}{S}}{r_1 - r_2}\,\frac{J'_b}{S}\left(\frac{S - J_{st}}{F'_b}\,e^{r_1 \cdot \varphi} + \frac{S - J'_b}{F_{st}}\,e^{r_2 \cdot \varphi}\right), \qquad (47)$$

$$M_{st} = M_{v,\,Kr} - N \cdot a - M_b . \qquad (48)$$

Dabei ist

$$K = \frac{F'_b \cdot F_{st}}{F'_b + F_{st}}, \qquad (49) \qquad\qquad S = J'_b + J_{st} + a^2 \cdot K , \qquad (50)$$

$$r_1 = -\frac{K}{S}\,\frac{J_{st}}{F'_b}, \qquad (51) \qquad\qquad r_2 = -\left(1 - \frac{K}{S}\,\frac{J'_b}{F_{st}}\right). \qquad (52)$$

Die e-Funktionen sind bei Sattler [4] tabelliert. Statt „-r" ist dort der Wert „α" abzulesen.

a bezeichnet gemäß DIN 1078 den gegenseitigen Abstand der Schwerpunkte von Betonplatte und Stahlträger.

Die reduzierten Beton-Querschnittswerte F'_b und J'_b sind hier im Gegensatz zum Verfahren Fritz mit dem tatsächlichen Beton-E-Modul zu errechnen.

E. Schwinden

1. Wahl des Verfahrens

Für den Nachweis der Schwindbeanspruchung eines freiaufliegenden Verbundträgers gilt ebenfalls das im Abschn. D grundsätzlich Gesagte. Auch hier ergibt sich der kürzeste Nachweis nach den Näherungsansätzen von FRITZ [1]. Der die Schwindspannungen abmindernde Einfluß des Schwind-Kriechens wird hier durch Einführung des ideellen Schwind-E-Moduls

$$E_{bs} = \frac{E_b}{1 + 0,52 \cdot \varphi} \tag{53}$$

berücksichtigt.

Auch hier werden die so erhaltenen Schwindspannungen den sich nach den Ansätzen von MÜLLER [2] ergebenden gegenübergestellt und in Abb. 12 die

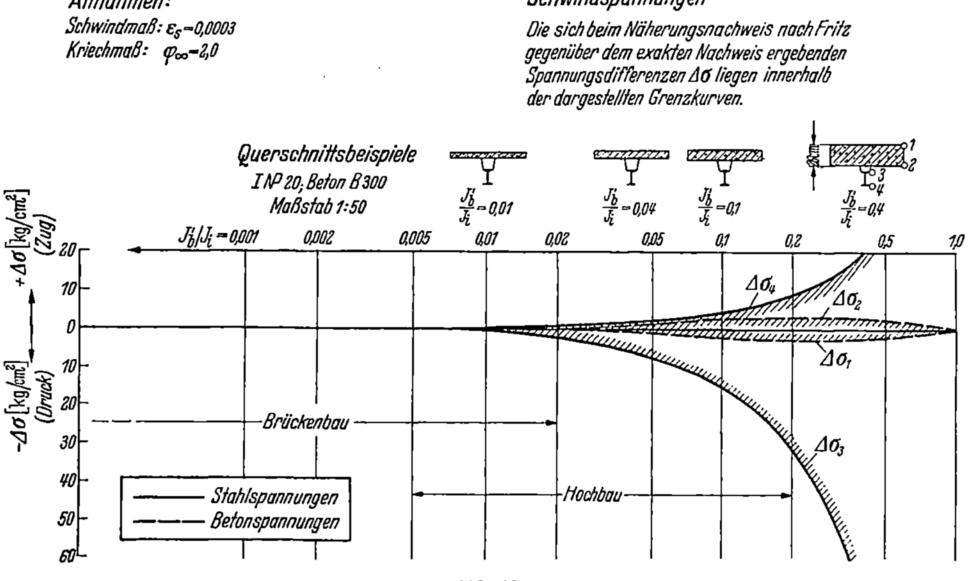

Abb. 12

Grenzkurven für die sich in Abhängigkeit vom Steifigkeitsverhältnis J_b'/J_i ergebenden Spannungsdifferenzen aufgetragen. Dabei wurde wiederum Betongüte B 300 mit $n = 7$ angenommen, das nach DIN 4227 größtmögliche Schwindmaß $\varepsilon_s = 0,0003$ und das Endkriechmaß $\varphi_\infty = 2,0$ eingesetzt.

Die Schwindspannungen und somit auch die Spannungsdifferenzen sind proportional dem Schwindmaß. Ein größeres Endkriechmaß mindert die Schwindspannungen ab.

Es zeigt sich auch hier, daß die spürbaren Ungenauigkeiten beim Verhältnis $J_b'/J_i = 0,01$ einsetzen. Der Verlauf der Kurven ergibt jedoch gegenüber der Untersuchung für die Kriechbeanspruchung (Abb. 10) ein noch günstigeres Bild: Grundsätzlich liegen beim freiaufliegenden Träger die Spannungsabweichungen für alle Randfasern auf der sicheren Seite. Die Betonspannungen werden stets, die Stahluntergurtspannungen im Bereich der konstruktiv denkbaren Querschnittsverhältnisse genau genug erhalten. Die größten Differenzen ergeben sich für den Stahlobergurt. Im Fall einer vollen Ausnutzung des Obergurtes wäre also bei einem Verhältnis $J_b'/J_i > 0{,}1$ und großem Schwindmaß ein genauer Nachweis der Schwindspannungen in Betracht zu ziehen. Es ist dabei jedoch zu bedenken, daß das Schwindmaß selbst nur mit einer Genauigkeit von etwa $\pm\,20\%$ vorausgesehen werden kann und die Schwindbeanspruchung des Stahlobergurtes in der Regel in einer Größenordnung von $200{-}400\ \text{kg/cm}^2$ liegt.

2. Nachweis der Schwindspannungen nach Fritz

Für den zweiteilig zu führenden Spannungsnachweis ergeben sich die Schnittkräfte nach

$$N = -\,\varepsilon_s \cdot E_{st}\,\frac{K}{S}\,(J_b' + J_{st})\,, \tag{54}$$

(Zugkraft für den Beton)

$$M_b = \varepsilon_s \cdot E_{st}\,\frac{K}{S}\cdot a \cdot J_b'\,, \tag{55}$$

$$M_{st} = \varepsilon_s \cdot E_{st}\,\frac{K}{S}\cdot a \cdot J_{st}\,. \tag{56}$$

Hierbei ist K und S nach Gl. (49) und (50) zu berechnen, wobei jedoch F_b' und J_b' über den ideellen Schwind-E-Modul Gl. (53) zu bestimmen ist. Der Wert S ist identisch mit J_i.

3. Nachweis der Schwindspannungen nach Müller

Soll bei extremen Querschnittsverhältnissen ein genauer Nachweis durchgeführt werden, so wird auch hier die Benutzung der Ansätze von Müller empfohlen. Nach geringer Umformung lauten diese:

$$N = \frac{\varepsilon_s \cdot E_{st}}{\varphi}\,F_b' \left\{ \frac{\dfrac{K}{S}}{r_1 - r_2}\left[(a^2 + i_{st}^2)\,e^{r_1 \cdot \varphi} + i_b^2 \cdot e^{r_2 \cdot \varphi}\right] - 1 \right\}\,, \tag{57}$$

(Der Klammerausdruck $\{\ \}$ wird negativ, d. h. Zugkraft für den Beton.)

$$M_b = \frac{\varepsilon_s \cdot E_{st}}{\varphi}\,J_b'\,\frac{\dfrac{K}{S}}{r_1 - r_2}\cdot a\,(e^{r_1 \cdot \varphi} - e^{r_2 \cdot \varphi})\,, \tag{58}$$

$$M_{st} = -\,N \cdot a - M_b\,. \tag{59}$$

Dabei ist K, S, r_1 und r_2 nach Gl. (49) bis (52) zu berechnen. Ferner ist

$$i_{st}^2 = J_{st}/F_{st} \tag{60} \qquad \text{und} \qquad i_b^2 = J_b'/F_b'\,. \tag{61}$$

Zu beachten ist, daß hier — wie auch bei der *Kriech*berechnung nach Müller — im Gegensatz zum Verfahren Fritz bei der Berechnung von F_b' und J_b' der tatsächliche Beton-E-Modul einzusetzen ist.

F. Temperatur

Die im Brückenbau für den freiaufliegenden Verbundträger nachzuweisenden Spannungen aus Temperaturunterschieden zwischen Stahlträger und Stahlbetonplatte ergeben sich entsprechend dem Schwindfall. Da Temperaturbeanspruchungen nur kurzfristig wirken, ist jedoch F'_b und J'_b mit dem tatsächlichen Beton-E-Modul zu bestimmen.

Nach FRITZ [1] ist dann

$$N = -\,\alpha \cdot \Delta\, t^\circ \cdot E_{st}\, \frac{K}{S}\, (J'_b + J_{st})\,,\tag{62}$$

(Zugkraft für den Beton)

$$M_b = \alpha \cdot \Delta\, t^\circ \cdot E_{st}\, \frac{K}{S} \cdot a \cdot J'_b\,,\tag{63}$$

$$M_{st} = \alpha \cdot \Delta\, t^\circ \cdot E_{st}\, \frac{K}{S} \cdot a \cdot J_{st}\,.\tag{64}$$

Die eingesetzten Vorzeichen gelten bei Mehrerwärmung des Stahlträgers.

Die Temperaturbeanspruchungen gelten für den Stahlträger gemäß DIN 1072 als Zusatzkräfte. Bei freiaufliegenden Trägern ist auf Grund der nach Abschn. 9.52/DIN 1078 zulässigen Ermäßigungen ein Einfluß auf die Bemessung des Untergurtes nur dann möglich, wenn der Anteil der Verkehrsmomente sehr gering ist, etwa in Nähe der Auflager bei weitgespannten Verbundträgern mit abgestuften Gurtquerschnitten.

G. Abstufung der Stahlträgergurte

Soll der Untergurtquerschnitt eines Verbundträgers abgestuft werden, so ist $erf\,\varrho$ für mehrere Punkte zu ermitteln und der Verlauf aufzutragen. Stellt man nach Wahl der Abstufung die Linien $erf\,\varrho$ und $vorh\,\varrho$ einander gegenüber, so ist dies einem Spannungsnachweis gleichzusetzen. Die Anzahl der zu untersuchenden Punkte richtet sich nach dem Verlauf der Momente M_{st} und M_v.

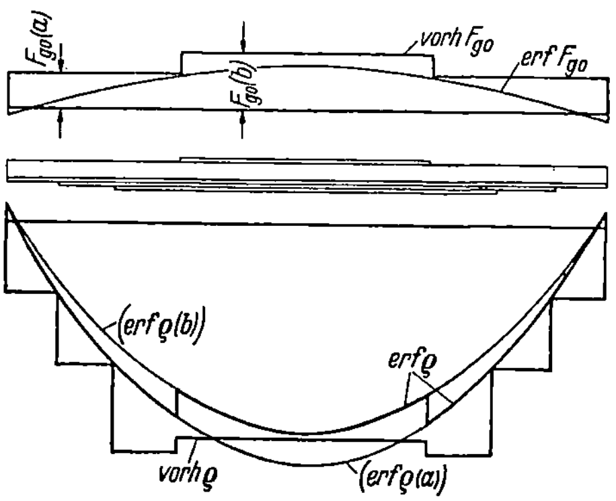

Das Auftragen der Linie $erf\,\varrho$ ist im übrigen auch notwendig, wenn nicht genau vorauszusehen ist, an welchem Punkt des Trägers die größte Gesamtbeanspruchung auftritt, beispielsweise bei negativer Vorbelastung des Stahlträgers durch Montagestützen.

vorh F_go · erf F_go · F_go(a) · F_go(b) · (erf ϱ(b)) · erf ϱ · vorh ϱ · (erf ϱ(a))

Abb. 13

Soll auch der Stahlobergurt abgestuft werden, so ist zunächst nach Abschn. B 5 die Linie $erf\,F_{go}$ zu ermitteln. Hierauf wird die Abstufung des Obergurtes festgelegt und für jeden der sich so ergebenden Grundquerschnitte die $erf\,\varrho$-Linie berechnet. Nach der sich ergebenden Treppenkurve wird dann die Abstufung des Untergurtes gewählt (Abb. 13).

H. Walzprofil-Träger der Gruppe I/DIN 4239

(Vereinfachter Nachweis)

1. Aufstellen der Tragfähigkeitstafeln

Nach DIN 4239/Absatz 8.3 c ist für Hochbauträger der Gruppe I, wenn sämtliche Lasten auf den Verbundquerschnitt einwirken und zudem eine negative Vorbelastung aufgebracht wird, ein vereinfachter Spannungsnachweis entsprechend der Erläuterung zu 8.31 zugelassen.

Da die negative Vorbelastung beim Spannungsnachweis nicht berücksichtigt zu werden braucht, sind für die Bemessung lediglich Tragfähigkeitstafeln erforderlich, aus denen für ein gegebenes Moment sofort der Trägerquerschnitt gewählt werden kann.

Als Tafelfestwert wird wiederum die reduzierte Betonfläche F'_b gewählt. Die Verbundwiderstandsmomente des Stahlträgerschwerpunktes sind dann für die einzelnen Trägerprofile in Abhängigkeit von der Höhe s_b aufgetragen. Die jeweils vorhandene Plattendicke wird durch eine Verschiebung des s_b-Maßstabes berücksichtigt.

Um die Aufstellung der Tragfähigkeitstafeln zu vereinfachen, wird der Fall b[1] der Vorschrift ($x > d$, das heißt, die 0-Achse liegt unterhalb der Betonplatte) bei der Berechnung des inneren Hebelarmes nicht berücksichtigt, sondern stets

$$z = h_s - (x/3) \tag{65}$$

gesetzt. Liegt also der Fall b vor, so ist bei der Berechnung der Tragfähigkeitskurven der innere Hebelarm etwas zu klein angesetzt. Da diese Abweichungen auf der sicheren Seite liegen und nur bei sehr hohen Aufstelzungen spürbar sind, wurden sie in Kauf genommen.

Die Berechnung der Betonspannungen *muß* jedoch in jedem Fall nach den Formeln der Vorschrift erfolgen [Gl. (73) und (74)], da im Fall b der Einfluß der Plattendicke sehr erheblich sein kann.

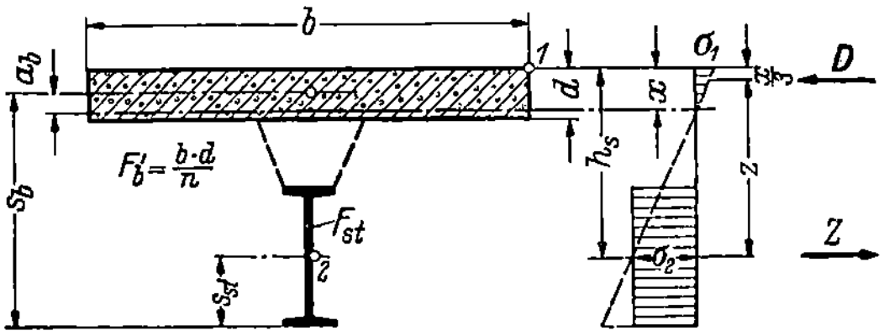

Abb. 14

$$F_{st} = \mu \cdot F'_b \,. \tag{37} \qquad F_i = (1 + \mu) F'_b \,, \tag{38}$$

$$a_b = \frac{F_{st}\,(s_b - s_{st})}{F_i} \,, \qquad a_b = \frac{\mu\,(s_b - s_{st})}{1 + \mu} \,, \tag{66}$$

$$x = a_b + \frac{d}{2} \,, \qquad x = \frac{\mu\,(s_b - s_{st})}{1 + \mu} + \frac{d}{2} \,. \tag{67}$$

Der Schwerpunkt der Druckzone wird im Abstand $x/3$ von Plattenoberkante angenommen. Somit ist

$$z = s_b + \frac{d}{2} - s_{st} - \frac{x}{3} \,,$$

---

[1] Vgl. Fußnote zum Schrifttum.

und nach Einsetzen von Gl. (67) und Umformung:

$$z = \frac{(2\mu + 3)(s_b - s_{st})}{3(1+\mu)} + \frac{d}{3}, \tag{68}$$

$$W_{i2} = F_{st} \cdot z = \frac{F_{st}}{3}\left[\frac{(2\mu + 3)(s_b - s_{st})}{(1+\mu)} + d\right]. \tag{69}$$

Die Tragfähigkeitstafeln werden nun zunächst für die sich bei einer Plattendicke $d = 0$ ergebenden Widerstandsmomente W_{i2} nach Gl. (69) berechnet. Um aus der gleichen Tafel auch die sich bei beliebiger Plattendicke ergebenden Widerstandsmomente ablesen zu können, wird der Einfluß von d durch eine entsprechende Verschiebung der s_b-Skala berücksichtigt.

Man erhält das erforderliche Verschiebungsmaß Δs_b aus Gl. (69):

$$\frac{(2\mu + 3)(s_b - s_{st})}{(1+\mu)} + d \;\triangleq\; \frac{(2\mu + 3)(s_b + \Delta s_b - s_{st})}{(1+\mu)} + 0,$$

oder nach Elimination von Δs_b:

$$\Delta s_b = d \cdot \frac{1+\mu}{2\mu + 3}. \tag{70}$$

Für die einzelnen Tafeln wird das Verschiebungsmaß mit dem jeweils kleinsten vorkommenden Wert μ — also mit dem des kleinsten Trägerprofiles — berechnet. Die sich dadurch für die größeren Profile nach der sicheren Seite hin ergebenden Abweichungen liegen unter der Ablesegenauigkeit.

2. Benutzung der Tragfähigkeitstafeln

a) Bemessung: Vgl. Zahlenbeispiel VI.

b) Nachweis der Stahlspannung: $\sigma_2 = M/W_{i2}$, wobei W_{i2} aus der Tafel abzulesen ist.

3. Nachweis der Betonspannung

Entsprechend DIN 4239 sind, wie bereits erwähnt, zwei Fälle zu unterscheiden:

Fall a: $x < d$, das heißt, die 0-Achse liegt innerhalb der Betonplatte.

Fall b: $x > d$, das heißt, die 0-Achse liegt unterhalb der Betonplatte.

Es ist also zunächst unter Benutzung der Gl. (67) der 0-Linienabstand x zu berechnen, wobei μ nach Gl. (37) zu ermitteln ist.

Um einen raschen Überblick zu gewinnen, ob die Betonspannung überhaupt im zulässigen Bereich bleibt, kann x auch nach der Gleichung

$$x = \mu \cdot a_1 + \frac{d}{2} \tag{71}$$

ermittelt werden. Dabei ist der Wert a_1, der verhältnismäßig unempfindlich ist, aus den Tragfähigkeitstafeln zu entnehmen.

Die Betondruckkraft ergibt sich nach

$$D = -Z = -\sigma_2 \cdot F_{st}. \tag{72}$$

Der Nachweis der Betonrandspannung erfolgt nach DIN 4239. Die dort angegebenen Formeln lauten:

$$\text{Fall a } (x < d): \quad \sigma_1 = \frac{2 \cdot D}{b \cdot x}, \tag{73}$$

$$\text{Fall b } (x > d): \quad \sigma_1 = \frac{2 \cdot D}{b \cdot d\left(1 + \dfrac{x-d}{x}\right)}. \tag{74}$$

I. Zahlenbeispiele

Zahlenbeispiel I.: Bemessung eines Blechträger-Verbundquerschnittes für Beanspruchung durch M_{st} und M_v. (Zu Abschn. B 2.)

Gegeben:

Stahl-Grundquerschnitt   Verbund-Grundquerschnitt

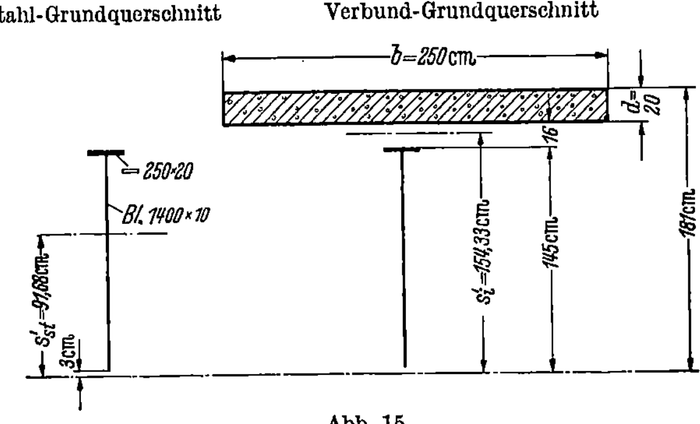

Abb. 15

$$E_{st} = 2100 \text{ t/cm}^2, \qquad E_b = 300 \text{ t/cm}^2, \qquad n = 7,$$

$$zul\,\sigma_{st\,(H)} = 1,6 \text{ t/cm}^2, \qquad F_b = 5000 \text{ cm}^2, \qquad F'_b = \frac{5000}{7} = 714 \text{ cm}^2,$$

$$zul\,\sigma_{(st\,H+Z)} = 1,7 \text{ t/cm}^2, \qquad J_b = 166700 \text{ cm}^4, \qquad J'_b = 23810 \text{ cm}^4,$$

$$\text{Endschwindmaß:} \quad \varepsilon_s = 20 \cdot 10^{-5},$$

$$\text{Endkriechmaß:} \quad \varphi_\infty = 2,0,$$

$$F'_{st} = 50 + 140 = 190 \text{ cm}^2;$$

$$s'_{st} = \frac{50 \cdot 144 + 140 \cdot 73}{190} = 91,68 \text{ cm},$$

$$J'_{st} = 50 \cdot 52,32^2 + 140 \cdot 18,68^2 + \frac{140^3}{12} = 414400 \text{ cm}^4,$$

$$F'_i = 190 + 714 = 904 \text{ cm}^2,$$

$$s'_i = \frac{190 \cdot 91,68 + 714 \cdot 171}{904} = 154,33 \text{ cm},$$

$$J'_i = 190 \cdot 62,65^2 + 714 \cdot 16,67^2 + 414400 + 23810 = 1382000 \text{ cm}^4.$$

Festwerte:

$$A = \frac{414400}{91,68} = 4520, \quad (13) \qquad \nu = \frac{904}{190} = 4,758, \quad (2)$$

$$B = \frac{1382000}{154,33} = 8955, \quad (14)$$

$$C = 190 \cdot 91,68 = 17420, \quad (15) \qquad D = 190 \cdot 154,33 = 29320, \quad (16)$$

$$A + C = 21940, \qquad \frac{B}{\nu} = 1882, \qquad \frac{B}{\nu} + D = 31200.$$

Beanspruchung:

Auf den Stahlträger wirkend: $M_{st} = 10000$ tcm.

Auf den Verbundträger wirkend: $M_v = 50000$ tcm.

Davon ständig vorhanden: $M_{v,\,Kr} = 20000$ tcm.

Zeitweise vorhanden: $M_{v,\,P} = 30000$ tcm.

1. Schritt: *Abschätzen der Kriech- und Schwindspannung.*

$$\Delta\sigma_{4,\,Kr} \sim 1{,}600 \,\frac{20\,000}{10\,000 + 50\,000}\, 0{,}035 \cdot 2{,}0 = 0{,}037 \text{ t/cm}^2 , \tag{24}$$

$$\Delta\sigma_{4,\,Schw} \sim 20 \cdot 10^{-5} \cdot 250 \qquad = 0{,}050 \text{ t/cm}^2 . \tag{25}$$

2. Schritt: *Berechnen des vorläufigen Untergurtquerschnittes.*
Zum Zeitpunkt t_0 beträgt gemäß Schritt 1 die zulässige Untergurtspannung:

$$\sigma_4 = 1{,}600 - 0{,}037 - 0{,}050 = 1{,}513 \text{ t/cm}^2 . \tag{26}$$

Man erhält damit die Kennwerte

$$W_{st}^* = \frac{10\,000}{1{,}513} = 6\,609 \text{ cm}^3 , \qquad(19) \quad \Big| \quad W_i^* = \frac{50\,000}{1{,}513} = 33\,050 \text{ cm}^3, \tag{20}$$

und die Hilfswerte

$$p = \frac{6\,609 - 4\,520}{21\,940} + \frac{33\,050 - 8\,955}{31\,200} = 0{,}8675 , \tag{22}$$

$$q = \frac{8\,955\,(6\,609 - 4\,520) + 4\,520 \cdot 33\,050}{21\,940 \cdot 31\,200} = 0{,}2455 . \tag{23}$$

Dann lautet die Bemessungsgleichung:

$$\varrho^2 - \varrho \cdot 0{,}8675 - 0{,}2455 = 0 . \tag{21}$$

Daraus

$$\varrho = 1{,}092 ,$$

d. h. der Ergänzungsquerschnitt muß sein:

$$F_{gu} = 1{,}092 \cdot 190 = 207{,}5 \text{ cm}^2 . \tag{1}$$

Somit ist

$$F_{st} = 190 + 207{,}5 = 397{,}5 \text{ cm}^2 .$$

Probe:

$$W_{st4} = 1{,}092 \cdot 21\,940 + 4\,520 = 28\,480 \text{ cm}^3 , \tag{11}$$

$$W_{i4} = 1{,}092 \cdot 31\,200 + 8\,955 = 43\,030 \text{ cm}^3 , \tag{12}$$

$$\sigma_4 = \frac{10\,000}{28\,480} + \frac{50\,000}{43\,030} = 1{,}513 \text{ t/cm}^2 .$$

3. Schritt: *Berechnen der Kriech- und Schwindspannung.*
a) Kriechen. Mit dem ideellen Kriechmodul

$$E_{bi} = \frac{300}{1 + 1{,}1 \cdot 2{,}0} = 94 \text{ t/cm}^2 , \tag{43}$$

d. h. $n = 22{,}3$, werden die reduzierten Betonquerschnittswerte

$$F_b' = \frac{1}{22{,}3} \cdot 5\,000 = 224 \text{ cm}^2,$$

$$J_b' = \frac{1}{22{,}3} \cdot 166\,700 = 7\,475 \text{ cm}^4$$

und die Werte des Verbund-Grundquerschnittes

$$F_i' = 414 \text{ cm}^2 ,$$
$$s_i' = 134{,}60 \text{ cm} ,$$
$$J_i' = 1\,069\,000 \text{ cm}^4 \quad \text{errechnet.}$$

Mit den Festwerten $\nu = 2{,}179$,   (2)

$$B = 7942 \text{ ,} \tag{14}$$

$$D = 25\,570 \text{ ,} \tag{16}$$

$$\frac{B}{\nu} + D = 29\,220$$

ergibt sich für den Zeitpunkt t_E:

$$W_{i4,E} = 1{,}092 \cdot 29\,220 + 7942 = 39\,850 \text{ cm}^3 \text{ ,} \tag{12}$$

$$\varDelta\,\sigma_{4,\,Kr} = 20\,000\,\frac{43\,030 - 39\,850}{43\,030 \cdot 39\,850} = 0{,}037 \text{ t/cm}^2 \text{ .} \tag{45}$$

b) Schwinden. Mit dem ideellen Schwindmodul

$$E_{bs} = \frac{300}{1 + 0{,}52 \cdot 2{,}0} = 147 \text{ t/cm}^2 \text{ ,} \tag{53}$$

d. h. $n = 14{,}3$, erhält man die reduzierten Betonquerschnittswerte

$$F_b' = \frac{1}{14{,}3} \cdot 5\,000 = 350 \text{ cm}^2 \text{ ,}$$

$$J_b' = \frac{1}{14{,}3} \cdot 166\,700 = 11\,660 \text{ cm}^4 \text{ .}$$

Somit

$$K = \frac{350 \cdot 397{,}5}{350 + 397{,}5} = 186{,}2 \text{ cm}^2 \text{ .} \tag{49}$$

Über

$$s_{st} = \frac{91{,}68}{1 + 1{,}092} = 43{,}8 \text{ cm ,} \tag{5}$$

$$a = 181 - 10 - 43{,}8 = 127{,}2 \text{ cm}$$

und

$$J_{st} = W_{st4} \cdot s_{st} = 28\,480 \cdot 43{,}8 = 1\,248\,000 \text{ cm}^4$$

erhält man

$$S = 11\,660 + 1\,248\,000 + 127{,}2^2 \cdot 186{,}2 = 4\,270\,000 \text{ cm}^4 \text{ ,} \tag{50}$$

$$\frac{K}{S} = \frac{186{,}2}{42{,}7 \cdot 10^5} = 4{,}361 \cdot 10^{-5} \text{ cm}^{-2} \text{ .}$$

Die Schnittkräfte infolge Schwindens sind dann:

$$N = -20 \cdot 10^{-5} \cdot 2100 \cdot 4{,}361 \cdot 10^{-5}\,(0{,}1166 + 12{,}48) \cdot 10^5 = -23{,}08 \text{ t ,} \tag{54}$$

$$M_b = 20 \cdot 10^{-5} \cdot 2100 \cdot 4{,}361 \cdot 10^{-5} \cdot 127{,}2 \cdot 0{,}1166 \cdot 10^5 = 27{,}17 \text{ tcm ,} \tag{55}$$

$$M_{st} = 20 \cdot 10^{-5} \cdot 2100 \cdot 4{,}361 \cdot 10^{-5} \cdot 127{,}2 \cdot 12{,}48 \cdot 10^5 = 2908 \text{ tcm} \tag{56}$$

und die Schwindspannung im Untergurt:

$$\varDelta\,\sigma_{4,\,Schw} = -\frac{23{,}08}{397{,}5} + \frac{2908}{28\,480} = 0{,}044 \text{ t/cm}^2 \text{ .}$$

Da die Schätzformeln (24) und (25) für Verbundträger mittlerer Abmessungen zugeschnitten sind, ergibt sich hier beim genauen Nachweis nur eine geringe Abweichung. Eine Korrektur des Bemessungswertes ϱ wäre im vorliegenden Fall nicht mehr notwendig, da nur eine Minderbeanspruchung von $0{,}006$ t/cm^2 erhalten wird. — Um den Rechengang weiter vorzuführen, wird die Korrektur des Bemessungswertes (4. Schritt) jedoch vorgenommen.

4. Schritt: *Berechnen des endgültigen Untergurtquerschnittes.*

Nach Schritt 3 ist jetzt

$$\sigma_4 = 1{,}600 - 0{,}037 - 0{,}044 = 1{,}519 \ \text{t/cm}^2 . \tag{26}$$

Bei Berechnung von ϱ wie im 2. Schritt erhält man

$$erf \ \varrho = 1{,}087 .$$

Da die Korrektur der zum Zeitpunkt t_0 zulässigen Spannung σ_4 nur geringfügig ist, ergibt sich mit der Umrechnungsformel (27) praktisch der gleiche Wert:

$$erf \ \varrho = 1{,}092 \ \frac{1{,}513}{1{,}519} = 1{,}088 . \tag{27}$$

Der sich somit ergebende Ergänzungsquerschnitt

$$F_{gu} = 1{,}09 \cdot 190 = 207{,}1 \ \text{cm}^2$$

führt im Zeitpunkt t_E zur Untergurtspannung $\sigma_4 = 1{,}600 \ \text{t/cm}^2$.

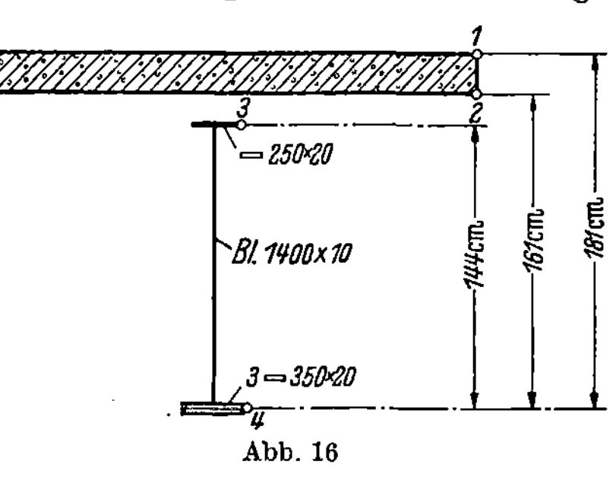

Anschließend wird vorgeführt, wie für einen gewählten Untergurtquerschnitt von 3 ⊏ 350/20 mit 210 cm² Querschnittsfläche der volle Spannungsnachweis unter Verwendung der bereits bei der Bemessung benötigten Querschnittswerte durchgeführt wird.

Spannungsnachweis.

$$vorh \ \varrho = \frac{210}{190} = 1{,}105 . \tag{1}$$

Lastfall 1: Auf den Stahlträger wirkend: $M_{st} = 10000 \ \text{tcm}$.

$$F_{st} = 190 \, (1 + 1{,}105) = 400 \ \text{cm}^2 , \tag{3}$$

$$s_{st} = \frac{91{,}68}{1 + 1{,}105} = 43{,}55 \ \text{cm} , \tag{5}$$

$$W_{st_4} = 1{,}105 \cdot 21\,940 + 4520 = 28\,760 \ \text{cm}^3 , \tag{11}$$

$$J_{st} = 28\,760 \cdot 43{,}55 = 1\,252\,000 \ \text{cm}^4 ,$$

$$W_{st_3} = \frac{1\,252\,000}{144 - 43{,}55} = 12\,460 \ \text{cm}^3 ,$$

$$\sigma_4 = + \frac{10\,000}{28\,760} = + 0{,}348 \ \text{t/cm}^2 ,$$

$$\sigma_3 = - \frac{10\,000}{12\,460} = - 0{,}803 \ \text{t/cm}^2 .$$

Lastfall 2: Auf den Verbundträger zeitweise wirkend: $M_{v,\,p} = 30000 \ \text{tcm}$.

$$W_{i_4} = 1{,}105 \cdot 31\,200 + 8955 = 43\,430 \ \text{cm}^3 , \tag{12}$$

$$s_i = \frac{4{,}758 \cdot 154{,}33}{4{,}758 + 1{,}105} = 125{,}24 \ \text{cm} , \tag{6}$$

$$J_i = 43\,430 \cdot 125{,}24 = 5\,439\,000 \ \text{cm}^4 ,$$

$$W_{i_3} = \frac{J_i}{144 - 125{,}24} = 289\,900 \ \text{cm}^3 ,$$

$$W_{i_2} = \frac{7 \cdot J_i}{161 - 125{,}24} = 1\,065\,000 \ \text{cm}^3 ,$$

$$W_{i_1} = \frac{7 \cdot J_i}{181 - 125{,}24} = 682\,800 \ \text{cm}^3 ,$$

$$\sigma_4 = \frac{30\,000}{43\,430} = + 0{,}691 \ \text{t/cm}^2 ,$$

$$\sigma_3 = - \frac{30\,000}{289\,900} = - 0{,}103 \ \text{t/cm}^2 ,$$

$$\sigma_2 = - \frac{30\,000}{1\,065\,000} = - 0{,}028 \ \text{t/cm}^2 ,$$

$$\sigma_1 = - \frac{30\,000}{682\,800} = - 0{,}044 \ \text{t/cm}^2 .$$

Lastfall 3a: Im Zeitpunkt t_0 ständig auf den Verbundträger wirkend:

$$M_{v,\,Kr} = 20\,000 \text{ tcm}.$$

Die Spannungen ergeben sich durch proportionale Umrechnung aus Lastfall 2;

Faktor: $\dfrac{20\,000}{30\,000} = 0{,}667$.

$$\sigma_4 = +\,0{,}461 \text{ t/cm}^2, \qquad \sigma_2 = -\,0{,}019 \text{ t/cm}^2,$$
$$\sigma_3 = -\,0{,}069 \text{ t/cm}^2, \qquad \sigma_1 = -\,0{,}029 \text{ t/cm}^2.$$

Lastfall 3b: Im Zeitpunkt t_E ständig auf den Verbundträger wirkend:

$$M_{v,\,Kr} = 20\,000 \text{ tcm}.$$

$$W_{i4,\,E} = 1.105 \cdot 29\,220 + 7\,942 = 40\,230 \text{ cm}^3,$$

$$s_i = \frac{2{,}179 \cdot 134{,}6}{2{,}179 + 1{,}105} = 89{,}31 \text{ cm}, \qquad (6)$$

$$J_i = 40\,230 \cdot 89{,}31 = 3\,593\,000 \text{ cm}^4,$$

$$n = 22{,}3,$$

$$W_{i3,\,E} = \frac{J_i}{144 - 89{,}31} = 65\,700 \text{ cm}^3,$$

$$W_{i2,\,E} = \frac{22{,}3 \cdot J_i}{161 - 89{,}31} = 1\,118\,000 \text{ cm}^3,$$

$$W_{i1,\,E} = \frac{22{,}3 \cdot J_i}{181 - 89{,}31} = 873\,900 \text{ cm}^3.$$

$$\sigma_4 = +\,\frac{20\,000}{40\,230} = +\,0{,}497 \text{ t/cm}^2,$$

$$\sigma_3 = -\,\frac{20\,000}{65\,700} = -\,0{,}304 \text{ t/cm}^2,$$

$$\sigma_2 = -\,\frac{20\,000}{1\,118\,000} = -\,0{,}018 \text{ t/cm}^2,$$

$$\sigma_1 = -\,\frac{20\,000}{873\,900} = -\,0{,}023 \text{ t/cm}^2.$$

Umlagerungsspannungen infolge Kriechen:

$$\Delta\sigma_{4,\,Kr} = +\,0{,}497 - 0{,}461 = +\,0{,}036 \text{ t/cm}^2,$$
$$\Delta\sigma_{3,\,Kr} = -\,0{,}304 + 0{,}069 = -\,0{,}235 \text{ t/cm}^2,$$
$$\Delta\sigma_{2,\,Kr} = -\,0{,}018 + 0{,}019 = +\,0{,}001 \text{ t/cm}^2,$$
$$\Delta\sigma_{1,\,Kr} = -\,0{,}023 + 0{,}029 = +\,0{,}006 \text{ t/cm}^2.$$

Lastfall 4: Schwinden.

Wegen der nur geringfügigen Änderung des Querschnittes gegenüber der ersten Annahme im 3. Schritt können hier die Schnittkräfte des 3. Schrittes übernommen werden.

$$N = -\,23{,}08 \text{ t}, \qquad M_b = 27{,}17 \text{ tcm}, \qquad M_{st} = 2908 \text{ tcm}.$$

Es wird noch benötigt: $W_b = 250 \cdot 20^2/6 = 16\,670 \text{ cm}^3$.

$$\sigma_4 = -\,\frac{23{,}08}{400} + \frac{2908}{28\,760} = +\,0{,}043 \text{ t/cm}^2,$$

$$\sigma_3 = -\,\frac{23{,}08}{400} - \frac{2908}{12\,460} = -\,0{,}291 \text{ t/cm}^2,$$

$$\sigma_2 = +\,\frac{23{,}08}{5000} + \frac{27{,}17}{16\,670} = +\,0{,}006 \text{ t/cm}^2,$$

$$\sigma_1 = +\,\frac{23{,}08}{5000} - \frac{27{,}17}{16\,670} = +\,0{,}003 \text{ t/cm}^2.$$

Lastfall 5: Temperaturunterschied: $\Delta t^\circ = \pm\, 10^\circ$.

$$\alpha \cdot \Delta t^\circ \cdot E_{st} = 0{,}00001 \cdot 10 \cdot 2100 = 0{,}21 \text{ t/cm}^2\,,$$

$$K = \frac{714 \cdot 400}{714 + 400} = 256{,}4 \text{ cm}^2\,, \tag{49}$$

$$S = J_i = 5\,439\,000 \text{ cm}^4 \text{ (aus Lastfall 2)}\,,$$

$$\frac{K}{S} = 4{,}714 \cdot 10^{-5} \text{ cm}^{-2}\,; \quad a = 181 - 10 - 43{,}55 = 127{,}45 \text{ cm}\,,$$

$$N = \mp\, 0{,}21 \cdot 4{,}714 \cdot 10^{-5}(0{,}2381 + 12{,}52) \cdot 10^5 = \mp\, 12{,}63 \text{ t}\,, \tag{62}$$

$$M_b = \pm\, 0{,}21 \cdot 4{,}714 \cdot 10^{-5} \cdot 127{,}45 \cdot 0{,}2381 \cdot 10^5 = \pm\, 30{,}04 \text{ tcm}\,, \tag{63}$$

$$M_{st} = \pm\, 0{,}21 \cdot 4{,}714 \cdot 10^{-5} \cdot 127{,}45 \cdot 12{,}52 \cdot 10^5 = \pm\, 1\,580 \text{ tcm}\,. \tag{64}$$

$$\sigma_4 = \mp\, \frac{12{,}63}{400} \pm \frac{1580}{28\,760} = \pm\, 0{,}023 \text{ t/cm}^2\,,$$

$$\sigma_3 = \mp\, \frac{12{,}63}{400} \mp \frac{1580}{12\,460} = \mp\, 0{,}159 \text{ t/cm}^2\,,$$

$$\sigma_2 = \pm\, \frac{12{,}63}{5000} \pm \frac{30{,}04}{16\,670} = \pm\, 0{,}005 \text{ t/cm}^2\,,$$

$$\sigma_1 = \pm\, \frac{12{,}63}{5000} \mp \frac{30{,}04}{16\,670} = \pm\, 0{,}001 \text{ t/cm}^2\,.$$

Spannungstabelle

Last-fall	Beanspruchungsart	M tm	Betonspannungen σ_1	σ_2	Stahlspannungen σ_3	σ_4
			t/cm²			
1	Auf den Stahlträger wirkend	$M_{st} = 100$	—	—	$-0{,}803$	$+0{,}348$
2	Zeitweise auf den Ver-bundträger wirkend (Verkehrslast)	$M_{v,\,P} = 300$	$-0{,}044$	$-0{,}028$	$-0{,}103$	$+0{,}691$
3a	Im Zeitpunkt t_0 ständig auf den Verbund-träger wirkend	$M_{v,\,Kr} = 200$	$-0{,}029$	$-0{,}019$	$-0{,}069$	$+0{,}461$
3b	Kriechen	$M_{v,\,Kr} = 200$	$+0{,}006$	$+0{,}001$	$-0{,}235$	$+0{,}036$
4	Schwinden	—	$+0{,}003$	$+0{,}006$	$-0{,}291$	$+0{,}043$
	max σ (Hauptkräfte) .		$-0{,}020$	$-0{,}012$	$-0{,}872$	$+1{,}579^3)$
	min σ (Hauptkräfte) .		$-0{,}073$	$-0{,}047$	$-1{,}501$	$+0{,}809$
5	Temperaturunterschied		$\pm 0{,}001$	$\pm 0{,}005$	$\mp 0{,}159$	$\pm 0{,}023$
	max σ (Haupt- und Zusatzkräfte)		$-0{,}019$	$-0{,}007$	$-0{,}713$	$+1{,}591^1)$
	min σ (Haupt- und Zusatzkräfte)		$-0{,}074$	$-0{,}050^1)$	$-1{,}619^2)$	$+0{,}786$

¹) Volle Verkehrslast + halber Temperaturunterschied.
²) 0,6 fache Verkehrslast + voller Temperaturunterschied.
³) Die Unterschreitung der zulässigen Spannung entspricht der Wahl des Untergurt-querschnittes mit *vorh* ϱ = 1,105 > *erf* ϱ = 1,088.

Zahlenbeispiel II. **Bemessung eines Blechträger-Verbundquerschnittes für Beanspruchung allein durch M_v.** (Zu Abschn. B 4.)

Gegeben: Verbund-Grundquerschnitt wie im Zahlenbeispiel I mit

$$F_i' = 904 \text{ cm}^2, \quad s_i' = 154{,}33 \text{ cm}, \quad J_i' = 1382\,000 \text{ cm}^4.$$

Beanspruchung: Auf den Verbundträger wirkend: $\quad M_v = 70\,000$ tcm.

Davon ständig vorhanden: $\quad M_{v,\,Kr} = 40\,000$ tcm.

1. Schritt: *Abschätzen der Kriech- und Schwindspannung.*

$$\Delta\sigma_{4,\,Kr} \sim 1{,}600 \,\frac{40\,000}{70\,000}\, 0{,}035 \cdot 2{,}0 = 0{,}064 \text{ t/cm}^2, \tag{24}$$

$$\Delta\sigma_{4,\,Schw} \sim (\text{wie bei Zahlenbeispiel I}) \; 0{,}050 \text{ t/cm}^2 \tag{25}$$

2. Schritt: *Berechnen des vorläufigen Untergurtquerschnittes.*

$$\sigma_4 = 1{,}600 - 0{,}064 - 0{,}050 = 1{,}486 \text{ t/cm}^2, \tag{26}$$

$$W_{i4} = \frac{70\,000}{1{,}486} = 47\,110 \text{ cm}^3, \tag{34}$$

$$\varrho_i = \frac{47\,110 \cdot 154{,}33 - 1\,382\,000}{904 \cdot 154{,}33^2 + 1\,382\,000} = 0{,}2570, \tag{35}$$

somit

$$F_{gu} = 0{,}2570 \cdot 904 = 232 \text{ cm}^2 \tag{29}$$

und

$$F_{st} = 190 + 232 = 422 \text{ cm}^2.$$

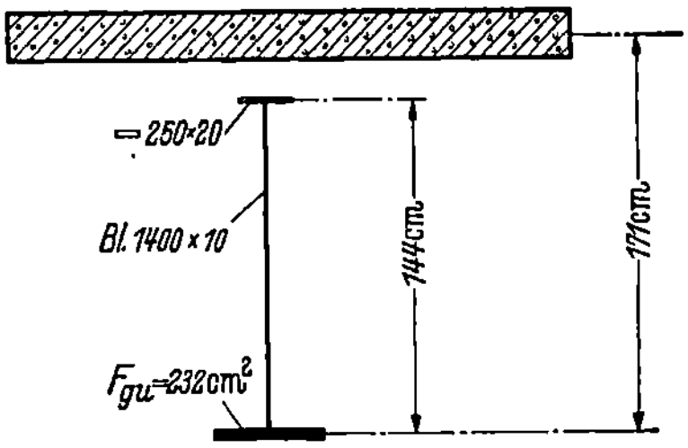

Probe:

$$W_{i4} = 1\,382\,000 \,\frac{1 + 0{,}2570}{154{,}33} + 904 \cdot 154{,}33 \cdot 0{,}2570 = 47\,120 \text{ cm}^3, \tag{33}$$

$$\sigma_4 = \frac{70\,000}{47\,120} = 1{,}486 \text{ t/cm}^2.$$

Abb. 17

Wegen des großen Verbundmomentes wäre hier zunächst die Betondruckspannung σ_1 zu überprüfen.
Mit

$$s_i = \frac{154{,}33}{1 + 0{,}2570} = 122{,}78 \text{ cm} \tag{31}$$

wird

$$\sigma_1 = \frac{1}{7} \cdot 1{,}486 \,\frac{181 - 122{,}78}{122{,}78} = 0{,}100 \text{ t/cm}^2.$$

3. Schritt: *Berechnen der Kriech- und Schwindspannung.*

a) Kriechen: Grundwerte wieder wie beim Beispiel I:

$$F_i' = 414 \text{ cm}^2, \quad s_i' = 134{,}60 \text{ cm}, \quad J_i' = 1069\,000 \text{ cm}^4.$$

Da ϱ_i auf den Verbund-Grundquerschnitt bezogen ist, muß es hier umgerechnet werden:

$$\varrho_{i,\,E} = \frac{232}{414} = 0{,}5604, \tag{29}$$

$$W_{i4,\,E} = 1\,069\,000 \,\frac{1 + 0{,}5604}{134{,}60} + 414 \cdot 134{,}6 \cdot 0{,}5604 = 43\,620 \text{ cm}^3, \tag{33}$$

$$\Delta\sigma_{4,\,Kr} = 40\,000 \,\frac{47\,120 - 43\,620}{47\,120 \cdot 43\,620} = 0{,}068 \text{ t/cm}^2. \tag{45}$$

b) Schwinden: Grundwerte aus Beispiel I:

$$F_b' = 350 \text{ cm}^2, \qquad J_b' = 11\,660 \text{ cm}^4.$$

Noch zu berechnen sind die Stahl-Querschnittswerte:

$$s_{st} = 41{,}28 \text{ cm}, \qquad J_{st} = 1\,292\,000 \text{ cm}^4, \qquad W_{st4} = 31\,300 \text{ cm}^3.$$

Dann ist

$$K = \frac{350 \cdot 422}{350 + 422} = 191{,}3 \text{ cm}^2, \tag{49}$$

und mit

$$a = 171 - 41{,}28 = 129{,}72 \text{ cm}$$

ist

$$S = 11\,660 + 1\,292\,000 + 129{,}72^2 \cdot 191{,}3 = 4\,523\,000 \text{ cm}^4 \tag{50}$$

und

$$K/S = 191{,}3/45{,}23 = 4{,}229 \cdot 10^{-5} \text{ cm}^{-2}.$$

Die Schnittkräfte infolge Schwinden werden dann

$$N = -\,20 \cdot 10^{-5} \cdot 2100 \cdot 4{,}229 \cdot 10^{-5}\,(0{,}1166 + 12{,}92) \cdot 10^5 = 23{,}16 \text{ t}, \tag{54}$$

$$M_{st} = 20 \cdot 10^{-5} \cdot 2100 \cdot 4{,}229 \cdot 10^{-5} \cdot 129{,}72 \cdot 12{,}92 \cdot 10^5 = 2977 \text{ tcm}, \tag{56}$$

und die Schwindspannung im Untergurt

$$\Delta\,\sigma_{4,\,Schw} = -\,\frac{23{,}16}{422} + \frac{2977}{31\,300} = +\,0{,}040 \text{ t/cm}^2.$$

4. Schritt: *Berechnen des endgültigen Untergurtquerschnittes.*

Nach Schritt 3 ist jetzt

$$\sigma_4 = 1{,}600 - 0{,}068 - 0{,}040 = 1{,}492 \text{ t/cm}^2. \tag{26}$$

Die Abweichung ist gegenüber $\sigma_4 = 1{,}486$ t/cm² im 2. Schritt so gering, daß eine Korrektur nicht mehr notwendig ist.

Zahlenbeispiel III. Verstärkung des Stahl-Obergurtes. (Zu Abschn. B 5.)

Gegeben: Grundquerschnitte wie im Beispiel I.

Beanspruchung: Auf den Stahlträger wirkend: $M_{st} = 15\,000$ tcm .

                  Auf den Verbundträger wirkend: $M_v = 45\,000$ tcm ,

                  davon ständig vorhanden: $M_{v,\,Kr} = 20\,000$ tcm ,

                  zeitweise vorhanden: $M_{v,\,P} = 25\,000$ tcm.

1. Schritt:

Wie im Beispiel I.

2. Schritt:

Mit $\sigma_4 = 1{,}513$ t/cm² erhält man

$$\varrho = 1{,}145,$$

d. h. $F_{gu} = 1{,}145 \cdot 190 = 217{,}5$ cm² .   (1)

Probe:

$$W_{st4} = 1{,}145 \cdot 21\,940 + 4520 = 29\,640 \text{ cm}^3, \tag{11}$$

$$W_{i4} = 1{,}145 \cdot 31\,200 + 8955 = 44\,680 \text{ cm}^3, \tag{12}$$

$$\sigma_4 = \frac{15\,000}{29\,640} + \frac{45\,000}{44\,680} = 1{,}513 \text{ t/cm}^2.$$

Da der auf den Stahlträger wirkende Momentenanteil M_{st} verhältnismäßig groß und eine Überbeanspruchung des Stahl-Obergurtes zu erwarten ist, werden die Stahlspannungen σ_1 gleich mitberechnet.

$$s_{st} = \frac{91,68}{1 + 1,145} = 42,74 \text{ cm} , \tag{5}$$

$$J_{st} = 42,74 \cdot 29\,640 = 1\,267\,000 \text{ cm}^4,$$

$$W_{st\,3} = \frac{1\,267\,000}{144 - 42,74} = 12\,510 \text{ cm}^3 ,$$

$$s_i = \frac{4,758 \cdot 154,33}{4,758 + 1,145} = 124,39 \text{ cm} , \tag{6}$$

$$J_i = 124,39 \cdot 44\,680 = 5\,558\,000 \text{ cm}^4,$$

$$W_{i3} = \frac{5\,558\,000}{144 - 124,39} = 283\,400 \text{ cm}^3 ,$$

$$\sigma_3 = - \frac{15\,000}{12\,510} - \frac{45\,000}{283\,400} = - 1,358 \text{ t/cm}^2 .$$

3. Schritt:

a) Kriechen: Grundwerte wieder aus dem I. Beispiel.

$$W_{i4,\,E} = 1,145 \cdot 29\,220 + 7942 = 41\,400 \text{ cm}^3 ,$$

$$\Delta\sigma_{4,\,Kr} = 20\,000\, \frac{44\,680 - 41\,400}{44\,680 \cdot 41\,400} = 0,035 \text{ t/cm}^2 , \tag{45}$$

$$s_i = \frac{2,1790 \cdot 134,60}{2,1790 + 1,145} = 88,23 \text{ cm} , \tag{6}$$

$$W_{i3,\,E} = 41\,400\, \frac{88,23}{144 - 88,23} = 65\,500 \text{ cm}^3 ,$$

$$\Delta\sigma_{3,\,Kr} = - 20\,000\, \frac{283\,400 - 65\,500}{283\,400 \cdot 65\,500} = - 0,235 \text{ t/cm}^2$$

entsprechend Gl. (45).

b) Schwinden: Die Schnittkräfte können aus Beispiel I übernommen werden, da der hier erhaltene Bemessungswert ϱ nur wenig von dem des Beispiels I abweicht.

$$N = - 23,08 \text{ t} , \qquad M_{st} = 2908 \text{ tcm} .$$

Mit

$$F_{st} = 190 + 217,5 = 407,5 \text{ cm}^2$$

ist

$$\Delta\sigma_{4,\,Schw} = - \frac{23,08}{407,5} + \frac{2908}{29\,640} = + 0,041 \text{ t/cm}^2$$

und

$$\Delta\sigma_{3,\,Schw} = - \frac{23,08}{407,5} - \frac{2908}{12\,510} = - 0,289 \text{ t/cm}^2 .$$

4. Schritt:

Die Gesamtspannungen zur Zeit t_E sind somit

$$\sigma_4 = 1,513 + 0,035 + 0,041 = 1,589 \text{ t/cm}^2 ,$$

$$\sigma_3 = - 1,358 - 0,235 - 0,289 = - 1,882 \text{ t/cm}^2 .$$

Der Bemessungswert ϱ wird entsprechend der errechneten Spannung korrigiert:

$$\varrho = 1{,}145\,\frac{1{,}589}{1{,}600} = 1{,}137,$$

d. h.

$$F_{gu} = 1{,}137\cdot 190 = 216{,}0 \text{ cm}^2 .\qquad (1)$$

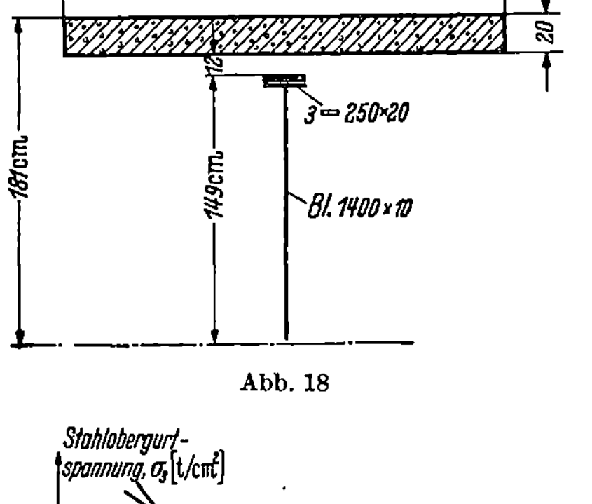

Abb. 18

Mit $\sigma_3 = 1{,}882$ ist der Obergurt im Zeitpunkt t_E überbeansprucht. Bevor die Neubemessung für einen verstärkten Grundquerschnitt durchgeführt wird, soll noch die Obergurtspannung aus Temperaturunterschied berechnet werden, da für σ_3 in der Regel der Lastfall Haupt- und Zusatzkräfte maßgeblich ist.

Die Schnittkräfte können wie für den Schwindfall aus dem ersten Beispiel übernommen werden:

$$N = - 12{,}63 \text{ t}, \qquad M_{st} = 1580 \text{ tcm} .$$

Damit wird

$$\sigma_3 = - \frac{12{,}63}{407{,}5} - \frac{1580}{12\,510} = - 0{,}157 \text{ t/cm}^2 .$$

Setzt man bei der Überlagerung gemäß DIN 1078 nur die 0,6fache Beanspruchung aus Verkehrslast an, so ergibt sich für den Lastfall Haupt- und Zusatzkräfte:

$$\sigma_3 = - 1{,}882 - 0{,}157 +$$
$$+ \, 0{,}4\,\frac{25\,000}{283\,400} = - 2{,}004 \text{ t/cm}^2 .$$

Zulässig wäre für St. 37: $\sigma = 1{,}700$ t/cm^2.

Die Bemessung wird jetzt für einen zweiten Grundquerschnitt mit erheblich verstärktem Obergurt wiederholt und wiederum neben der erforderlichen Untergurtfläche F_{gu} die sich bei Beanspruchung durch Haupt- und Zusatzkräfte ergebende Obergurtspannung ermittelt.

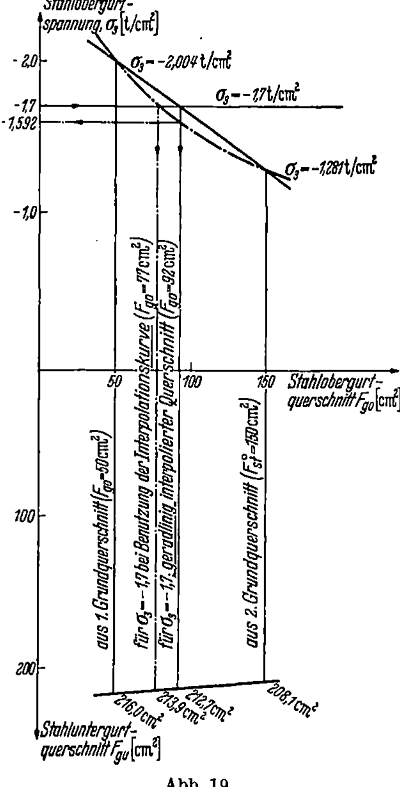

Abb. 19

Für den Grundquerschnitt nach Abb. 18 findet man als erforderliche Untergurtfläche: $F_{gu} = 208{,}1$ cm^2, und als Obergurtspannung für Haupt- und Zusatzkräfte: $\sigma_3 = - 1{,}281$ t/cm^2.

Bei geradliniger Interpolation entsprechend der ausgezogenen Linie in Abb. 19 ergibt sich für $\sigma_3 = - 1{,}700$ t/cm^2 als erforderlicher Obergurtquerschnitt 92 cm^2 und als Untergurtquerschnitt 212,7 cm^2. Stellt man für den so durch geradlinige Interpolation erhaltenen Verbundquerschnitt den Spannungsnachweis auf, so erhält man

für Haupt- und Zusatzkräfte: $\sigma_3 = - 1{,}592$ t/cm^2 $(< 1{,}7)$,

für Hauptkräfte allein: $\sigma_4 = + 1{,}590$ t/cm^2 $(< 1{,}6)$.

Mit der somit erreichten Ausnutzung der zulässigen Spannung dürfte im allgemeinen die Bemessungsaufgabe als gelöst anzusehen sein. Für den Untergurt ist eine weitere Korrektur auf jeden Fall unnötig. Soll auch der Obergurt noch schärfer bemessen werden, so zeichnet man entsprechend Abb. 19 durch den Punkt $F_{go} = 92$ cm² und $\sigma_3 = 1{,}592$ t/cm² die strichpunktiert eingetragene Interpolationskurve und findet nun unter deren Schnittpunkt mit der Horizontalen $\sigma_3 = -1{,}7$ t/cm² den zur genauen Einhaltung dieser Spannung erforderlichen Obergurtquerschnitt $F_{go} = 77$ cm² und den Untergurtquerschnitt $F_{gu} = 213{,}9$ cm².

Zahlenbeispiel IV. Bemessung eines Walzprofil-Verbundquerschnittes mit Nachweis der Kriech- und Schwindspannungen. (Zu Abschn. C.)

Gegeben:

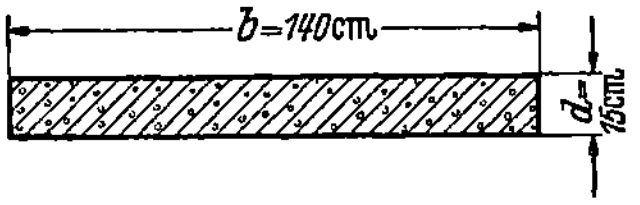

$$E_b = 300 \text{ t/cm}^2, \qquad n = 7,$$

$$F_b = 2100 \text{ cm}^2, \qquad F_b' = \frac{2100}{7} = 300 \text{ cm}^2,$$

$$J_b = 39\,400 \text{ cm}^4, \qquad J_b' = \frac{39\,400}{7} = 5630 \text{ cm}^4,$$

Abb. 20

Endschwindmaß: $\varepsilon_s = 30 \cdot 10^{-5}$,   Endkriechmaß: $\varphi_\infty = 3{,}0$,

$zul\ \sigma_{st} = 1{,}800$ t/cm² .

Beanspruchung:

Auf den Stahlträger wirkend: $M_{st} = 1000$ tcm .

Auf den Verbundträger wirkend: $M_v = 8000$ tcm ,

davon ständig vorhanden: $M_{v,\,Kr} = 3000$ tcm .

1. Schritt: *Abschätzen der Kriech- und Schwindspannung:*

$$\Delta\sigma_{4,\,Kr} \sim 1{,}800\,\frac{3000}{1000 + 8000} \cdot 0{,}035 \cdot 3{,}0 = 0{,}063 \text{ t/cm}^2, \tag{24}$$

$$\Delta\sigma_{4,\,Schw} \sim 30 \cdot 10^{-5} \cdot 250 = 0{,}075 \text{ t/cm}^2 . \tag{25}$$

2. Schritt: *Vorläufige Querschnittswahl:*

Die zum Zeitpunkt t_0 zulässige Stahlrandspannung ist

$$\sigma_4 = 1{,}800 - 0{,}063 - 0{,}075 = 1{,}662 \text{ t/cm}^2 . \tag{26}$$

Damit erhält man

$$W_{st}^* = \frac{1000}{1{,}662} = 602 \text{ cm}^3, \tag{19} \qquad W_i^* = \frac{8000}{1{,}662} = 4810 \text{ cm}^3 . \tag{20}$$

Die Bemessungslinie (Abb. 21) zeigt folgende Möglichkeiten:

a) I NP 60   mit $s_b = 58$ cm,   d) I NP $47\frac{1}{2}$ mit $s_b = 79$ cm ,

b) I NP 55   mit $s_b = 67$ cm,   e) I NP 45   mit $s_b = 86$ cm ,

c) I NP 50   mit $s_b = 74$ cm,   f) I NP $42\frac{1}{2}$ mit $s_b = 95$ cm .

Das Ablesen der s_b-Werte unter Berücksichtigung der vorhandenen Plattendicke ist in Abschn. C 2 erläutert.

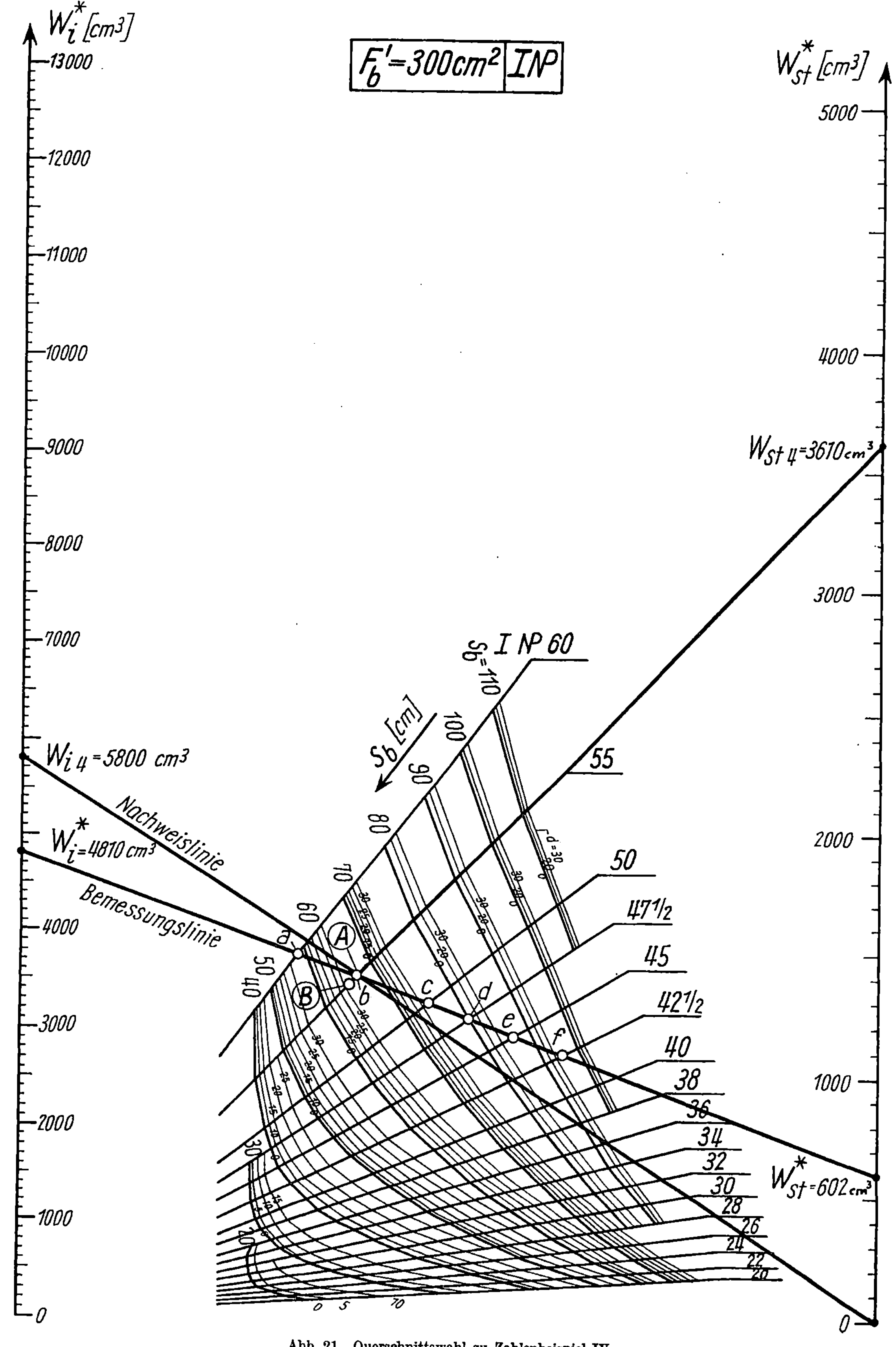

Abb. 21. Querschnittswahl zu Zahlenbeispiel IV

Gewählt werde der Querschnitt b entsprechend Querschnittspunkt A (Abb. 22)

mit $F_{st} = 213$ cm^2 , $s_{st} = 27,5$ cm ,

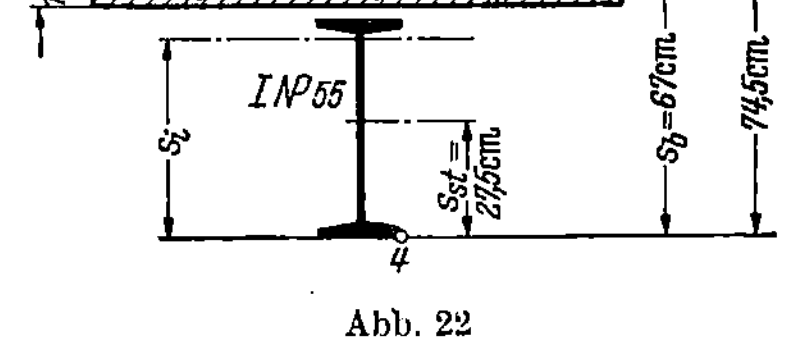

$J_{st} = 99\,200$ cm^4 , $W_{st4} = 3610$ cm^3 .

Mit der Nachweislinie erhält man nach Abb. 21 ferner

$$W_{i4} = 5800 \text{ cm}^3 .$$

Spannungsnachweis (als Probe):

$$\sigma_4 = \frac{1000}{3610} + \frac{8000}{5800} = 0,277 + 1,379 = 1,656 \text{ t/cm}^2 \sim 1,662 \text{ t/cm}^2 .$$

Vor dem 3. Schritt soll zunächst die Betondruckspannung und das Steifigkeitsverhältnis überprüft werden.

Der Abstand s_i der Verbundschwerachse von Trägerunterkante ist mit

$$\mu = 213/300 = 0,71 : \tag{37}$$

$$s_i = \frac{67 + 0,71 \cdot 27,5}{1 + 0,71} = 50,6 \text{ cm} . \tag{39}$$

Damit ergibt sich die Betonspannung zu

$$\sigma_1 = -\frac{1}{7} \cdot 1,379 \frac{74,5 - 50,6}{50,6} = 0,093 \text{ t/cm}^2 .$$

Ferner ist

$$J_i = W_{i4} \cdot s_i = 5800 \cdot 50,6 = 293\,500 \text{ cm}^4 .$$

Mit dem Steifigkeitsverhältnis

$$J_b'/J_i = 5630/293\,500 = 0,019$$

ist aus Abb. 10 und Abb. 12 zu ersehen, daß bei dem vorliegenden geringen Anteil des ständig einwirkenden Momentes der Nachweis nach FRITZ für *alle* Querschnittsfasern genau genug ist.

3. Schritt: **a) Nachweis der Kriechspannung:** Der ideelle Kriechmodul ist

$$E_{bi} = \frac{300}{1 + 1,1 \cdot 3,0} = 70 \text{ t/cm}^2 ; \tag{43}$$

$n = 2100/70 = 30$.

Somit:

$$F_b' = 2100/30 = 70 \text{ cm}^2 .$$

Aus Tafel $F_b' = 70$ cm^2; INP ergibt die Nachweislinie durch den Trägerpunkt I INP 55; $s_b = 67$; $d = 15$: $W_{i4} = 4910$ cm^3.

Somit:

$$\varDelta \sigma_{4,\,Kr} = 3000 \frac{5800 - 4910}{5800 \cdot 4910} = 0,094 \text{ t/cm}^2 . \tag{45}$$

b) Nachweis der Schwindspannung: Der ideelle Schwindmodul ist

$$E_{bs} = \frac{300}{1 + 0,52 \cdot 3,0} = 117 \text{ t/cm}^2 \quad (53), \qquad \text{d. h. } n = \frac{2100}{117} = 18 .$$

Somit:

$$F_b' = \frac{2100}{18} = 117 \text{ cm}^2 , \qquad J_b' = \frac{39\,400}{18} = 2190 \text{ cm}^4 .$$

Der Schwerpunktsabstand vom Stahlträger zur Betonplatte ist

$$a = s_b - s_{st} = 67 - 27,5 = 39,5 \text{ cm}.$$

Ferner:

$$K = \frac{117 \cdot 213}{117 + 213} = 75,5 \text{ cm}^2, \tag{49}$$

$$S = 2190 + 99\,200 + 39,5^2 \cdot 75,5 = 219\,200 \text{ cm}^4, \tag{50}$$

$$\frac{K}{S} = \frac{75,5}{2,19 \cdot 10^5} = 34,5 \cdot 10^{-5} \text{ cm}^{-2}.$$

Die Schnittkräfte infolge Schwinden sind

$$N = -30 \cdot 10^{-5} \cdot 2100 \cdot 34,5 \cdot 10^{-5}\,(0,0219 + 0,992) \cdot 10^5 = -22,0 \text{ t}, \tag{54}$$

$$M_{st} = 30 \cdot 10^{-5} \cdot 2100 \cdot 34,5 \cdot 10^{-5} \cdot 39,5 \cdot 0,992 \cdot 10^5 = 852 \text{ tcm}. \tag{56}$$

$$\Delta\,\sigma_{4,\,Schw} = -\frac{22,0}{213} + \frac{852}{3610} = +0,133 \text{ t/cm}^2.$$

4. Schritt: *Korrektur des gewählten Querschnittes.*

Mit den in Schritt 3 berechneten Spannungswerten wird

$$\sigma_4 = 1,800 - 0,094 - 0,133 = 1,573 \text{ t/cm}^2,$$

$$W_{st}^* = \frac{1000}{1,573} = 636 \text{ cm}^3, \qquad W_i^* = \frac{8000}{1,573} = 5086 \text{ cm}^3.$$

Mit der korrigierten Bemessungslinie, die zur besseren Übersicht in Abb. 21 nicht eingetragen ist, ergibt sich der Querschnittspunkt B mit $s_b = 69$ cm. Mit der entsprechenden Nachweislinie liest man ab: $W_{i4} = 6160$ cm³.

Spannungsnachweis zur Probe:

$$\sigma_4 = \frac{1000}{3610} + \frac{8000}{6160} = 0,277 + 1,299 = 1,576 \text{ t/cm}^2 \sim 1,573 \text{ t/cm}^2.$$

Zahlenbeispiel V. Bemessung eines Verbundträgers mit Abstufung des Untergurtes. (Zu Abschn. G.)

Gegeben: Verbundträger mit 32 m Stützweite.

Während des Betonierens ist der Träger in Feldmitte durch ein Montagejoch unterstützt. Es ergeben sich folgende Lastfälle:

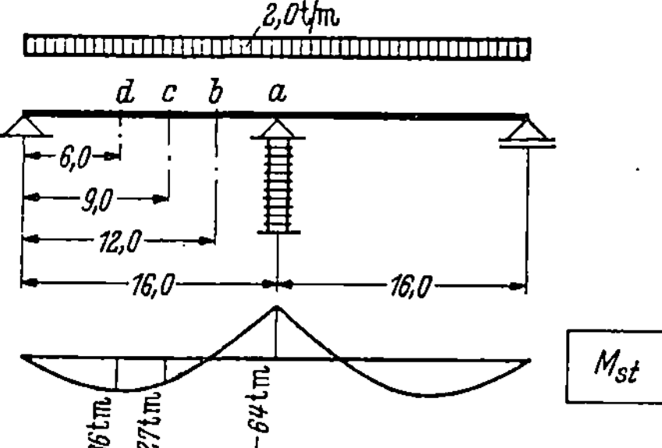

Lastfall A: Stahlträgermontage und Betonieren.

Der Stahlträger ist als Zweifeldträger durch eine Gleichstreckenlast von 2,0 t/m belastet.

Abb. 23

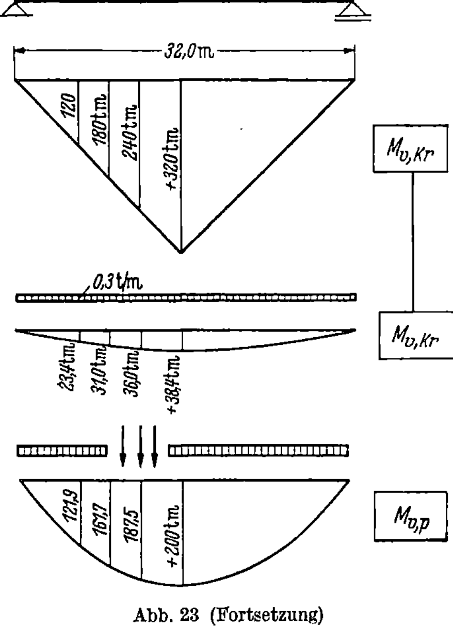

Lastfall B: Absenken des Montagejoches.

Die Joch-Auflagerkraft von 40 t wirkt als Einzellast auf den freiauffliegenden Verbundträger.

Lastfall C: Aufbringen des Fahrbahnbelages.

Belastung des freiauffliegenden Verbundträgers durch eine Gleichstreckenlast von 0,3 t/m.

Lastfall D: Verkehrsbelastung.

Es sei nebenstehende Maximalmomentenlinie ermittelt.

Abb. 23 (Fortsetzung)

Gegeben sind ferner Grundquerschnitte, Kriech- und Schwindmaß sowie zulässige Stahlspannungen wie im Beispiel I.

Die Bemessung wird für die Trägerpunkte a bis d durchgeführt. An Hand der Ergebnisse kann dann die *erf* F_{gu}-Linie aufgetragen und die Abstufung des Untergurtes vorgenommen werden.

Bemessung für Trägerpunkt a

Beanspruchung: $M_{st} =$ $-$ 6400 tcm .

$$M_v = 32\,000 + 3840 + 20\,000 = + 55\,840 \text{ tcm} ,$$

davon ständig vorhanden:

$$M_{v,\,Kr} = 32\,000 + 3840 = 35\,840 \text{ tcm} .$$

1. Schritt:

$$\Delta\,\sigma_{4,\,Kr} \sim 1,600\,\frac{35\,840}{-\,6400 + 55\,840} \cdot 0,035 \cdot 2,0 = 0,081 \text{ t/cm}^2 , \tag{24}$$

$$\Delta\,\sigma_{4,\,Schw} \sim 20 \cdot 10^{-5} \cdot 250 = 0,050 \text{ t/cm}^2 . \tag{25}$$

2. Schritt:

$$\sigma_4 = 1,600 - 0,081 - 0,050 = 1,469 \text{ t/cm}^2 , \tag{26}$$

$$W_{st}^* = -\,\frac{6400}{1,469} = -\,4357 \text{ cm}^3 , \tag{19}$$

$$W_i^* = \frac{55\,840}{1,469} = 38\,010 \text{ cm}^3 , \tag{20}$$

$$p = \frac{-\,4357 - 4520}{21.940} + \frac{38\,010 - 8955}{31\,200} = 0,5267 , \tag{22}$$

$$q = \frac{8955\,(-\,4357 - 4520) + 4520 \cdot 38\,010}{21\,940 \cdot 31\,200} = 0,1349 , \tag{23}$$

$$\varrho = 0,7154 . \tag{21}$$

3. Schritt:

Die Berechnung der Kriech- und Schwindspannungen führt zu:

$$\Delta\sigma_{4,\,Kr} = 0,097\ \text{t/cm}^2, \qquad \Delta\sigma_{4,\,Schw} = 0,061\ \text{t/cm}^2.$$

4. Schritt:

Mit den im Schritt 3 berechneten Kriech- und Schwindspannungen ist jetzt

$$\sigma_4 = 1,600 - 0,097 - 0,061 = 1,442\ \text{t/cm}^2.$$

Die Abweichung gegenüber σ_4 im zweiten Schritt beträgt etwa 2%. Der Bemessungswert ϱ wird deshalb nicht durch proportionale Umrechnung nach Gl. (27), sondern durch Neuberechnung nach Gl. (21) über Gl. (19), (20), (22) und (23) korrigiert. Man erhält für Trägerpunkt a

$$\varrho = 0,7344,$$

d. h. $F_{gu} = 0,7344 \cdot 190 = 139,5\ \text{cm}^2$.

Bemessung für Trägerpunkt b

Beanspruchung: $\qquad M_{st} = \qquad\qquad\qquad 0\ \text{tcm},$

$$M_v = +\,24000 + 3600 + 18750 = +\,46350\ \text{tcm},$$

davon ständig vorhanden:

$$M_{v,\,Kr} = 24000 + 3600 = 27600\ \text{tcm}.$$

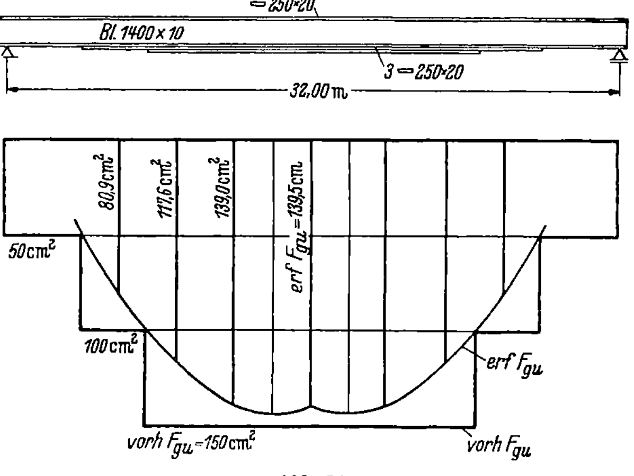

Abb. 24

1. Schritt:

Die vorläufige Kriechspannung wird aus dem für Punkt a im 3. Schritt erhaltenen Ergebnis unter Berücksichtigung der vorhandenen Momentenanteile berechnet:

$$\Delta\sigma_{4,\,Kr} \sim 0,097\ \frac{27\,600}{35\,840}\ \frac{-6400 + 55\,840}{46\,350} = 0,080\ \text{t/cm}^2.$$

Als vorläufige Schwindspannung wird der im Punkt a, Schritt 3 erhaltene Wert direkt eingesetzt:

$$\Delta\sigma_{4,\,Schw} \sim 0,061\ \text{t/cm}^2.$$

2. Schritt:

Mit $\qquad\qquad \sigma_4 = 1,600 - 0,080 - 0,061 = 1,459\ \text{t/cm}^2$

erhält man $\qquad\qquad \varrho = 0,7314$.

Da dieser Wert von dem in Punkt a nur wenig verschieden ist, kann die Annahme der Kriech- und Schwindspannungen im 1. Schritt als zutreffend angesehen werden. Eine Korrektur ist hier also nicht mehr erforderlich.

$$F_{gu} = 0{,}7314 \cdot 190 = \mathbf{139{,}0 \ cm^2} \ .$$

Bemessung für Trägerpunkt c

Man verfährt entsprechend wie bei Punkt b und erhält im 2. Schritt

$$\varrho = \mathbf{0{,}6187} \ ,$$

d. h.
$$F_{gu} = 0{,}6187 \cdot 190 = \mathbf{117{,}6 \ cm^2} \ .$$

Auch hier ist wegen der geringen Abweichung gegenüber dem in Punkt a erforderlichen Querschnitt noch keine Korrektur notwendig.

Bemessung für Trägerpunkt d

Hier ergibt sich im 2. Schritt

$$\varrho = 0{,}4154 \ .$$

Es ist also nur etwa die Hälfte des in Brückenmitte erforderlichen Untergurtquerschnittes notwendig. Insbesondere die Schwindspannung wird dadurch erheblich beeinflußt. Eine Korrektur über Schritt 3 und 4 ergibt dann auch

$$\varrho = \mathbf{0{,}4257} \ .$$

Der im Punkt d erforderliche Ergänzungsquerschnitt ist somit

$$F_{gu} = 0{,}4257 \cdot 190 = \mathbf{80{,}9 \ cm^2} \ .$$

Der Verlauf der $erf \, F_{gu}$-Linie und ein Beispiel für die danach zu wählende Abstufung sind in Abb. 24 aufgetragen.

Zahlenbeispiel VI. Bemessung eines Walzprofil-Verbundquerschnittes der Trägergruppe I — Vereinfachter Nachweis. (Zu Abschn. H.)

Gegeben: Querschnitt der Betonplatte nach Abb. 25.

Abb. 25

$$E_b = 350 \ t/cm^2 \ , \qquad n = 6{,}0 \ ,$$

$$F_b = 1\,800 \ cm^2 \ , \qquad F_b' = \frac{1\,800}{6} = 300 \ cm^2 \ ,$$

$$M = 7\,000 \ tcm \ ,$$

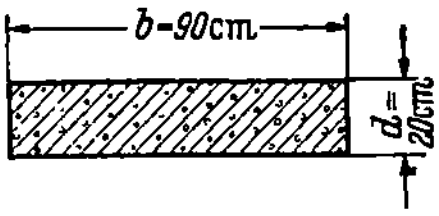

zulässige Stahl-Schwerpunktsspannung: $\sigma_2 = 1{,}200 \ t/cm^2$.

Gesucht: Normalprofil, Höhe s_b, Betonrandspannung σ_1.

Wahl des Querschnittes (vgl. Abb. 26)

$$erf \, W_{i2} = \frac{7000}{1{,}200} = 5830 \ cm^3 \ .$$

Man geht von der W_{i2}-Achse horizontal nach rechts bis zu den Trägerlinien und liest die jeweils erforderliche Höhe senkrecht über dem Schnittpunkt auf der s_b-Achse ab, die zu der vorhandenen Plattendicke d gehört.

Nach Abb. 26 ergibt sich beispielsweise bei Wahl eines I NP 38 die Höhe $s_b = 71{,}5$ cm als erforderlich.

Weitere Möglichkeiten wären: I N? 40 mit $s_b = 67$ cm oder I N? 36 mit $s_b = 76$ cm.

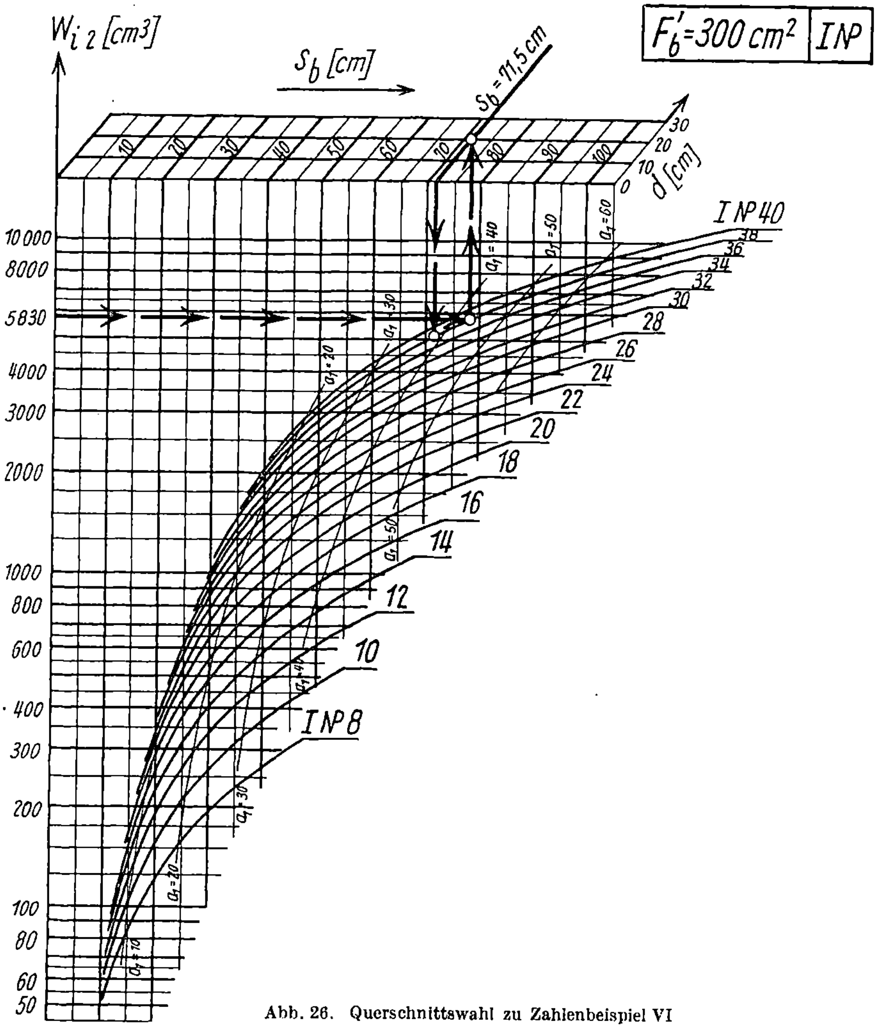

Abb. 26. Querschnittswahl zu Zahlenbeispiel VI

Zum leichteren Auffinden der Schnittpunkte wird empfohlen, beim Ablesen ein Kurvenlineal an den Trägerlinien anzulegen.

Gewählt wird nach Abb. 27 das Stahlprofil I N? 38 mit

$$s_b = 71,5 \text{ cm} , \qquad F_{st} = 107 \text{ cm}^2 , \qquad s_{st} = 19 \text{ cm} .$$

Der für den Nachweis der Betonrandspannung erforderliche 0-Linien-Abstand x ist mit

$$\mu = 107/300 = 0,357 \tag{37}$$

und $a_1 = 39$ (in der Tafel abzulesen auf der Trägerlinie senkrecht unter $s_b = 71,5$ auf der Achse $d = 0$):

$$x \sim 0,357 \cdot 39 + \frac{20}{2} = 23,9 \text{ cm} . \tag{71}$$

Eine rechnerische Kontrolle nach Gl. (67) ergäbe

$$x = \frac{0{,}357\,(71{,}5 - 19)}{1 + 0{,}357} + \frac{20}{2} = 23{,}8 \text{ cm} . \tag{67}$$

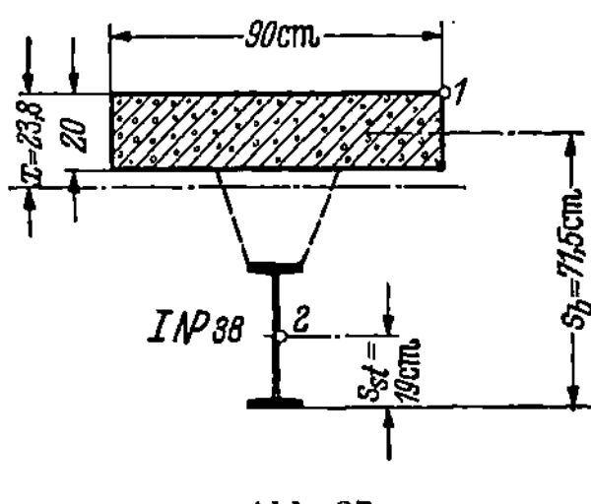

Abb. 27

Da $x > d$, d. h. die 0-Linie liegt unterhalb der Betonplatte, ist die Betonrandspannung σ_1 nach Gl. (74) zu berechnen.

Die gesamte Druckkraft beträgt

$$D = -1{,}200 \cdot 107 = -128{,}4 \text{ t} . \tag{72}$$

Dann ist

$$\sigma_1 = -\frac{2 \cdot 128{,}4}{90 \cdot 20\left(1 + \dfrac{23{,}8 - 20}{23{,}8}\right)} = -0{,}123 \text{ t/cm}^2 . \tag{74}$$

Schrifttum

[1] Fritz, B.: Vorschläge für die Berechnung durchlaufender Träger in Verbundbauweise. Bauingenieur 1950, S. 271.

[2] Müller, E.: Beiträge zur Ermittlung der kriechabhängigen Spannungen von Verbundträgern. Bautechnik 1955, S. 145.

[3] — Beiträge zur Ermittlung der kriechabhängigen Spannungen von Verbundträgern. Dissertation T.H. Karlsruhe 1954.

[4] Sattler, K.: Theorie der Verbundkonstruktionen. Berlin: Ernst & Sohn 1953.

[5] — Betrachtungen über Theorie und Anwendung von Verbundkonstruktionen. Veröffentlichungen des Deutschen Stahlbauverbandes, Heft 4/54. Stahlbau-Verlag Köln.

[6] Schleicher, F.: Taschenbuch für Bauingenieure, 2. Aufl. Berlin/Göttingen/Heidelberg: Springer 1955, Abschn. Verbundträger, S. 715.

[7] Schrader, H. J.: Vorberechnung der Verbundträger. Berlin: Ernst & Sohn 1955.

[8] DIN 1078, Fassung September 1955.

[9] DIN 4239, Entwurf April 1954. Bautechnik 1954, S. 230 und Bauingenieur 1954, S. 355[1].

---

[1] Im hier genannten Entwurf der DIN 4239 ist die in Abschn. H berücksichtigte Aufgliederung des vereinfachten Nachweises (Ab. 8. 31 der Erläuterungen) in Fall a und Fall b noch nicht enthalten. Sie wird jedoch in der demnächst erscheinenden Fassung der Vorschrift aufgenommen werden.

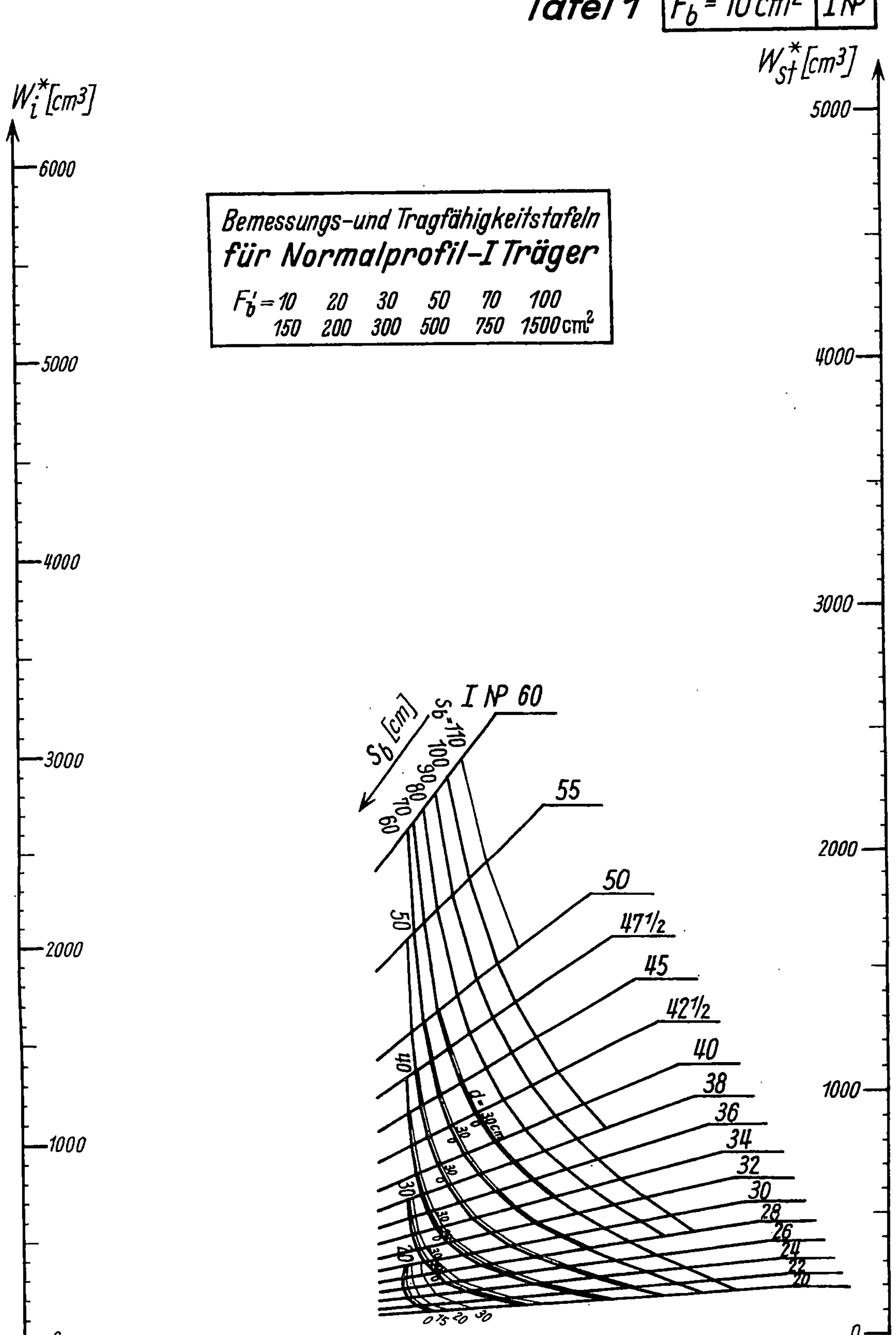

Tafel 1 $F_b' = 10\,cm^2$ INP
$W_{st}^*[cm^3]$
5000
4000
3000
2000
1000
0
$W_i^*[cm^3]$
6000
5000
4000
3000
2000
1000
0
Bemessungs- und Tragfähigkeitstafeln
für Normalprofil-I Träger
$F_b' = 10$ 20   30   50   70   100
150   200   300   500   750   1500 cm²
$S_b [cm]$
$S_b = 110$ 100   90   80   70   60
I NP 60
55
50
47½
45
42½
40
38
36
34
32
30
28
26
24
22
20
50
40
d = 30 cm
30
30
30
30
30
0 15 20 30

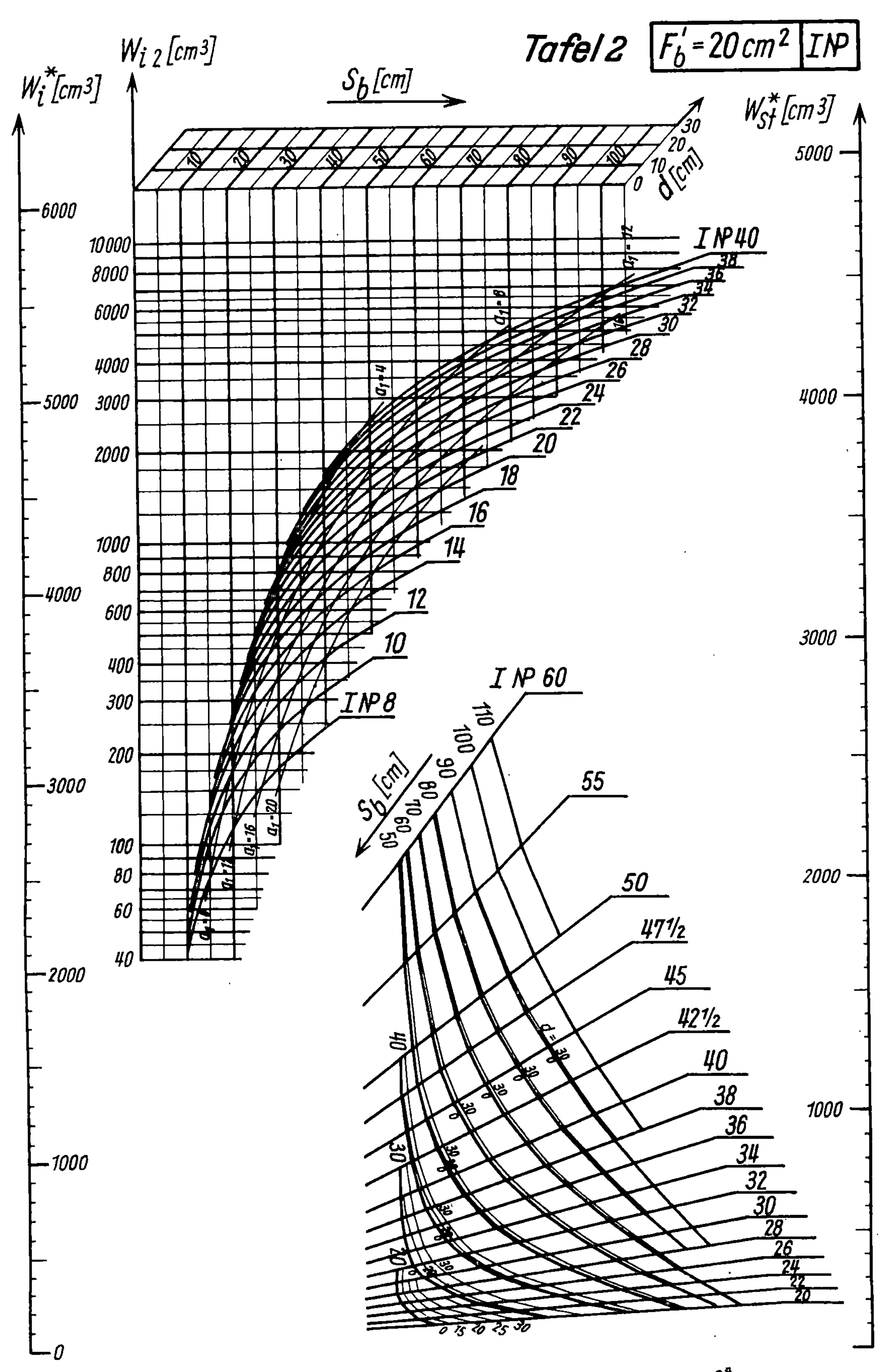

Tafel 2
$F_b' = 20\,cm^2$
INP
$W_{i\,2}\,[cm^3]$
$W_i^*\,[cm^3]$
$S_b\,[cm]$
$W_{St}^*\,[cm^3]$
$d\,[cm]$
INP 40
INP 8
INP 60
$S_b\,[cm]$
38
36
34
32
30
28
26
24
22
20
18
16
14
12
10
55
50
47½
45
42½
40
38
36
34
32
30
28
26
24
22
20

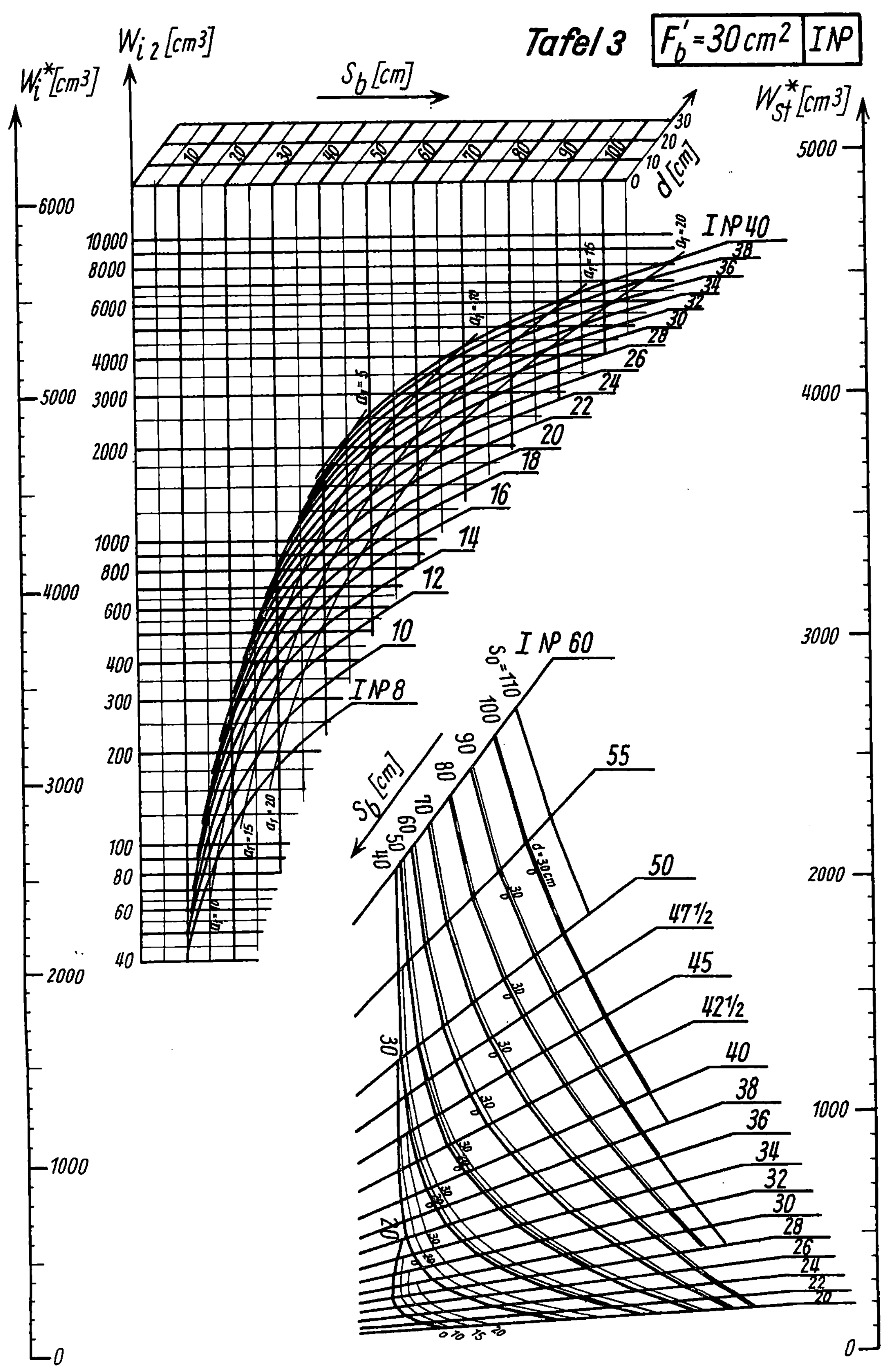

Tafel 3
$F_b' = 30\,cm^2$ INP
$W_{i\,2}\,[cm^3]$
$W_i^*\,[cm^3]$
$S_b\,[cm]$
$W_{St}^*\,[cm^3]$
d [cm]
INP 40
INP 8
INP 60
$S_b\,[cm]$
$S_0 = 110$
d = 30 cm

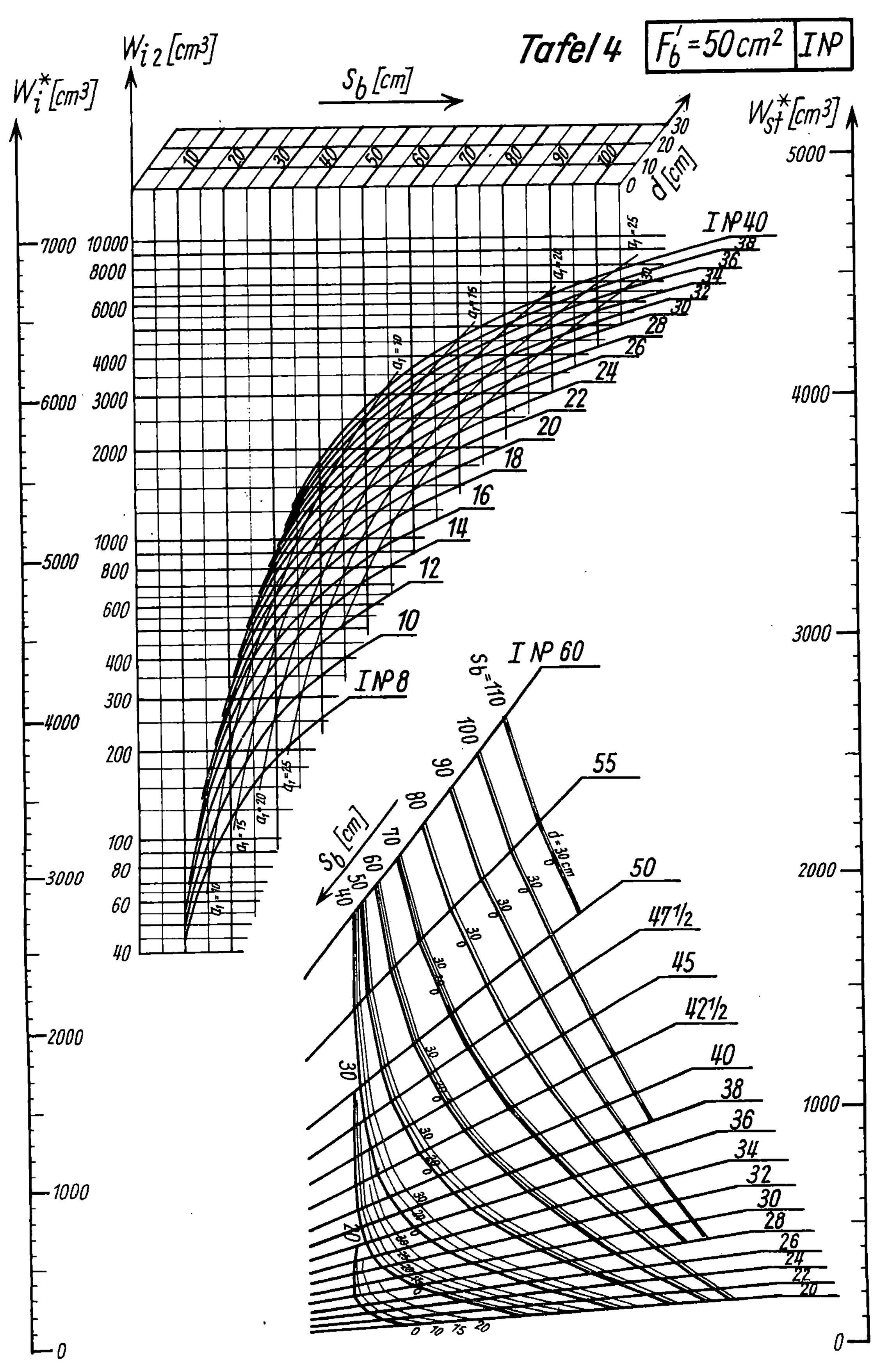

Tafel 4 $F_b' = 50\,cm^2$ INP
$W_{i2}\,[cm^3]$
$W_i^*\,[cm^3]$
$S_b\,[cm]$
$d\,[cm]$
$W_{St}^*\,[cm^3]$
INP 40
INP 8
INP 60
$S_b = 110$
$S_b\,[cm]$
$d = 30\,cm$

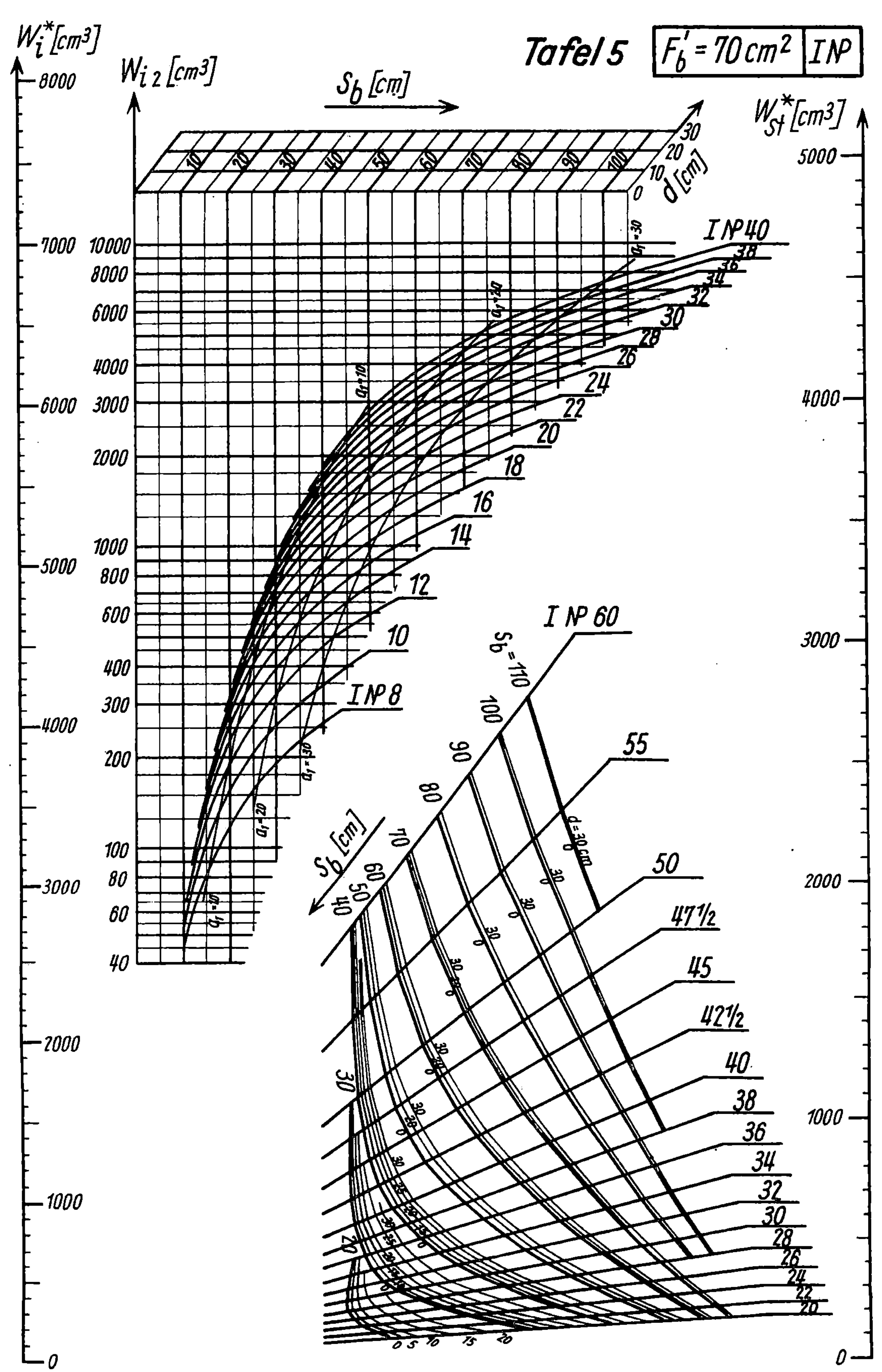

W_i^* [cm³]
$W_{i\,2}$ [cm³]
S_b [cm]
W_{St}^* [cm³]
Tafel 5
$F_b' = 70\,cm^2$
INP
d [cm]
8000
7000
6000
5000
4000
3000
2000
1000
0
10000
8000
6000
4000
3000
2000
1000
800
600
400
300
200
100
80
60
40
5000
4000
3000
2000
1000
0
10 20 30 40 50 60 70 80 90 100
0 10 20 30
INP 40
38
36
34
32
30
28
26
24
22
20
18
16
14
12
10
INP 8
INP 60
$S_b = 110$
100
90
80
70
60
50
40
S_b [cm]
d = 30 cm
55
50
47½
45
42½
40
38
36
34
32
30
28
26
24
22
20
30
0 5 10 15 20

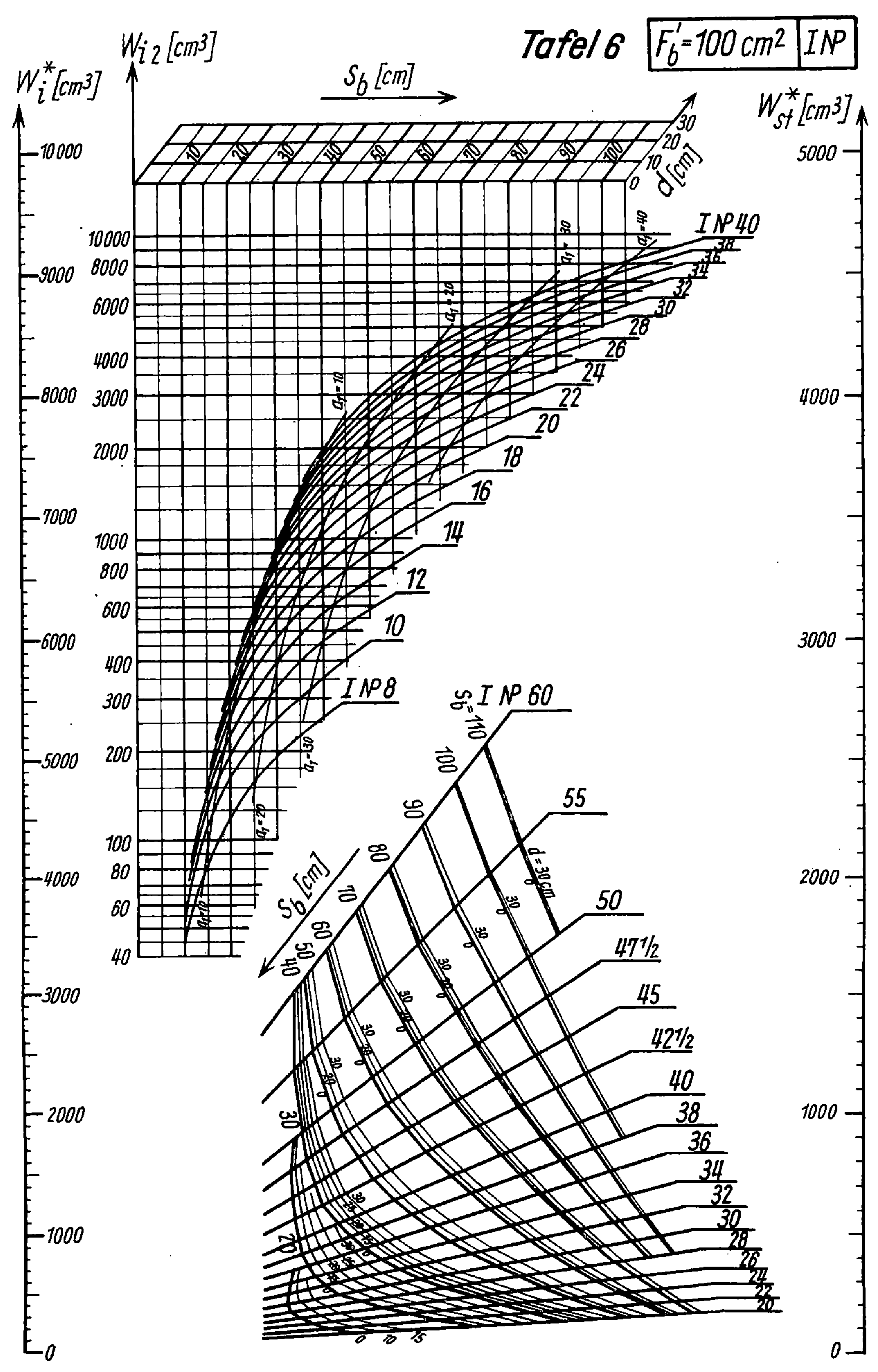

Tafel 6
$F_b' = 100\ cm^2$
INP
$W_i^*\ [cm^3]$
$W_{i\,2}\ [cm^3]$
$S_b\ [cm]$
$d\ [cm]$
$W_{st}^*\ [cm^3]$
10 20 30 40 50 60 70 80 90 100
0 10 20 30
10000
10000
9000
8000
8000
6000
6000
4000
3000
2000
2000
1000
1000
800
800
600
600
400
400
300
300
200
200
100
100
80
80
60
60
40
40
INP 40
38
36
34
32
30
28
26
24
22
20
18
16
14
12
10
INP 8
5000
4000
3000
2000
1000
0
INP 60
$S_b = 110$
100
90
80
70
60
50
40
30
20
$S_b\ [cm]$
$d = 30\ cm$
55
50
47½
45
42½
40
38
36
34
32
30
28
26
24
22
20
0 10 15

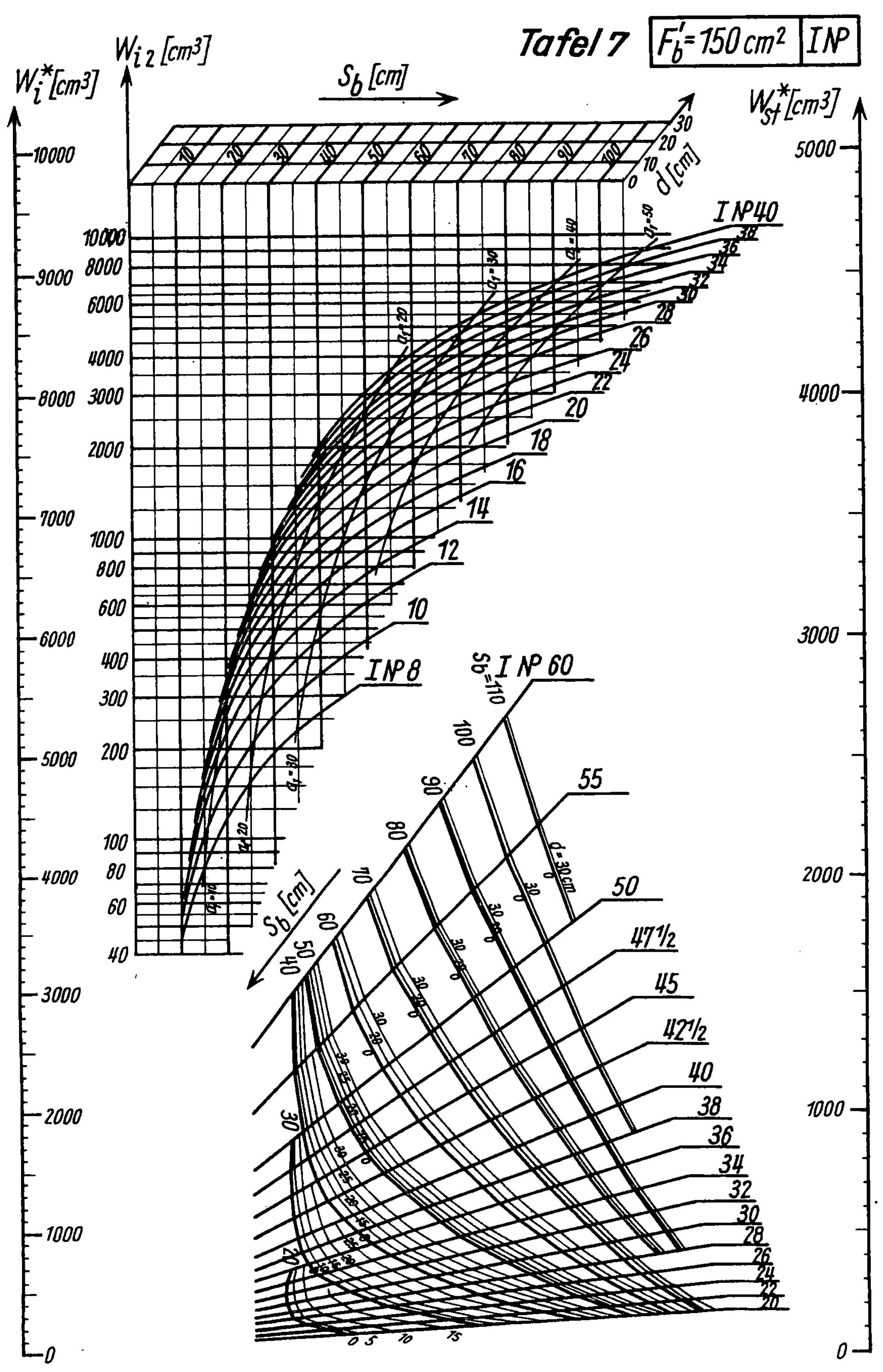

Tafel 7
$F_b' = 150\ cm^2$
I NP
$W_{i2}\ [cm^3]$
$W_i^*\ [cm^3]$
$S_b\ [cm]$
$W_{st}^*\ [cm^3]$
d [cm]
I NP 40
I NP 8
I NP 60
$S_b = 110$
$S_b\ [cm]$
d=30cm
10000
5000
10000
9000
8000
6000
4000
3000
2000
1000
800
600
400
300
200
100
80
60
40
5000
4000
3000
2000
1000
I NP40
38
36
34
32
30
28
26
24
22
20
18
16
14
12
10
110
100
90
80
70
60
50
40
30
55
50
47½
45
42½
40
38
36
34
32
30
28
26
24
22
20
0 5 10 15

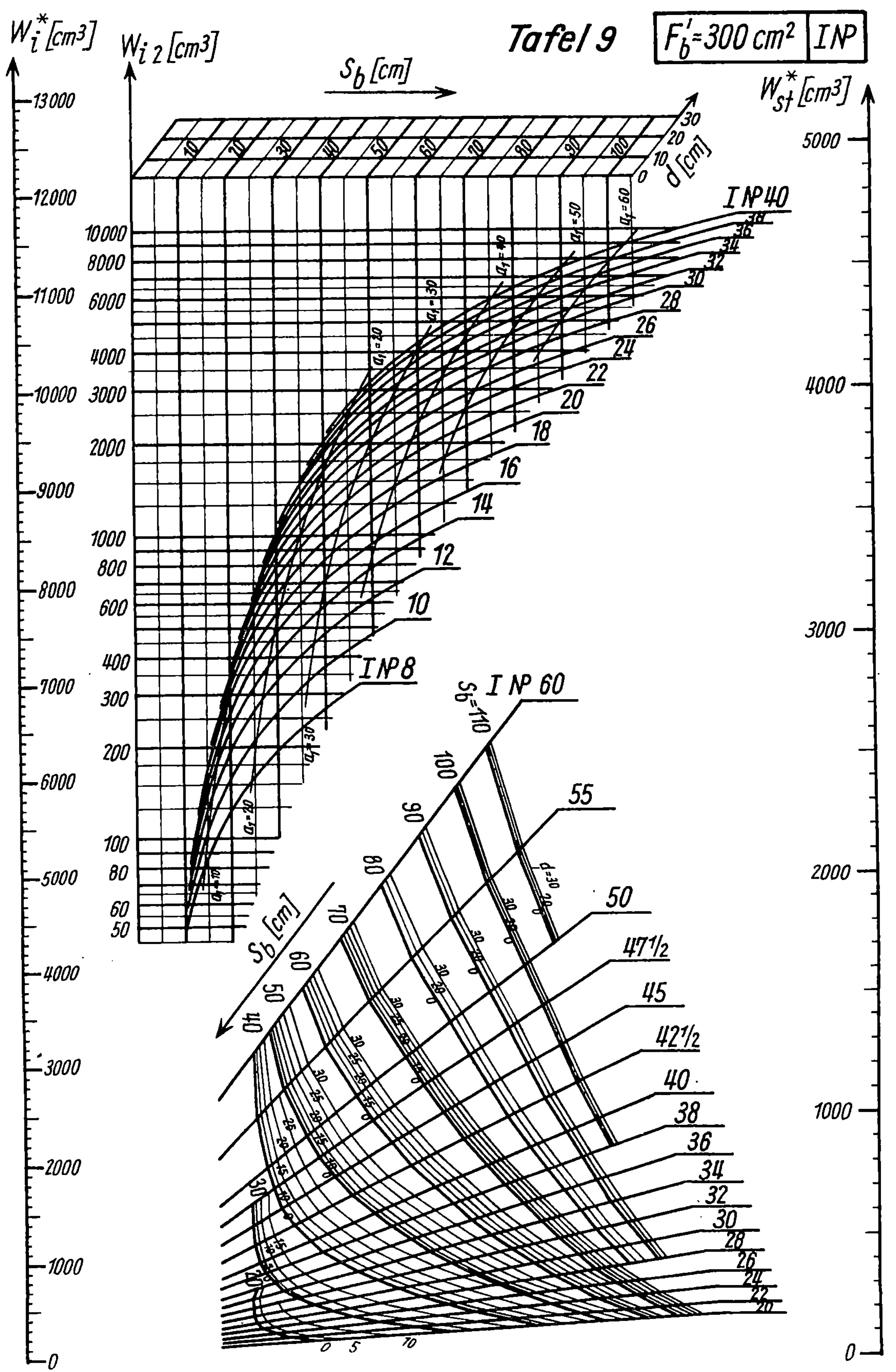

W_i* [cm³]
W_i 2 [cm³]
S_b [cm]
Tafel 9
F_b' = 300 cm² INP
W_st* [cm³]
d [cm]
INP 40
INP 8
INP 60
S_b = 110
S_b [cm]
Utescher, Bemessungsverfahren
b

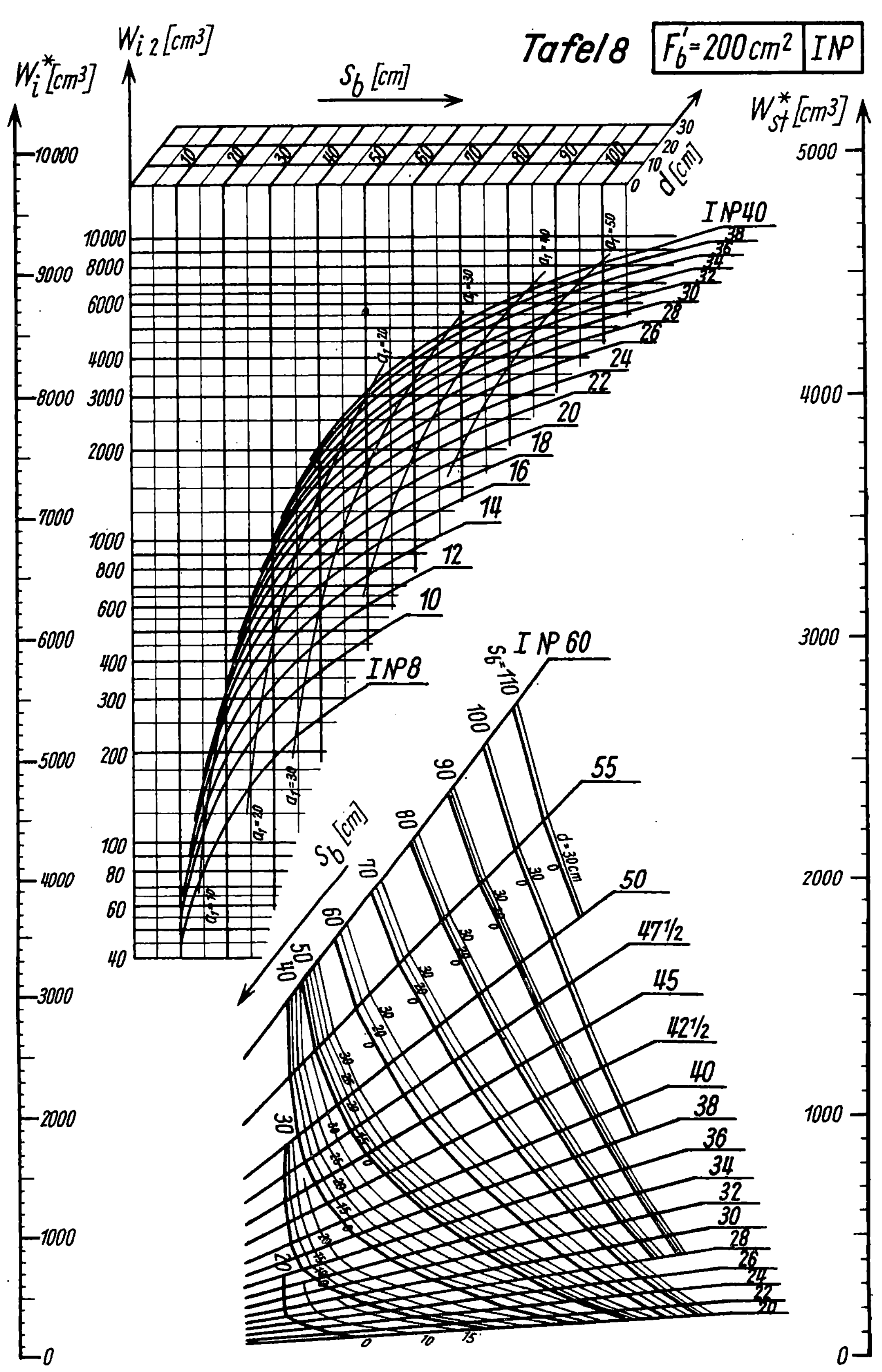

Tafel 8
$F_b' = 200\ cm^2$ I NP
$W_{i\,2}\ [cm^3]$
$W_i^*\ [cm^3]$
$S_b\ [cm]$
$d\ [cm]$
$W_{St}^*\ [cm^3]$
I NP40
I NP8
I NP 60
$S_b\ [cm]$
38
36
34
32
30
28
26
24
22
20
18
16
14
12
10
55
50
47½
45
42½
40
38
36
34
32
30
28
26
24
22
20

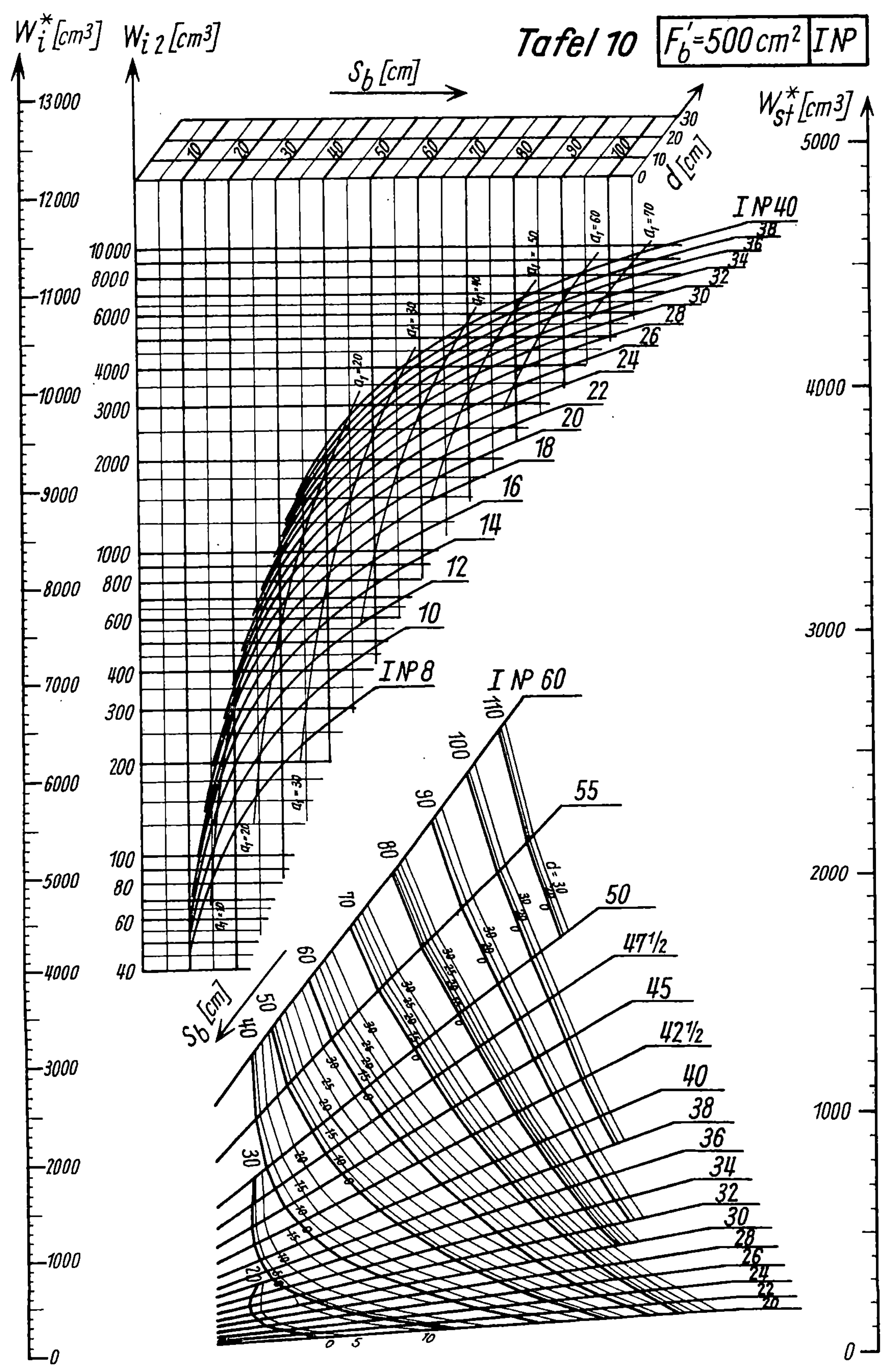

W_i^* [cm³]
$W_{i\,2}$ [cm³]
S_b [cm]
Tafel 10
$F_b' = 500\,cm^2$
I NP
W_{st}^* [cm³]
d [cm]
I NP 40
I NP 8
I NP 60
S_b [cm]
b*

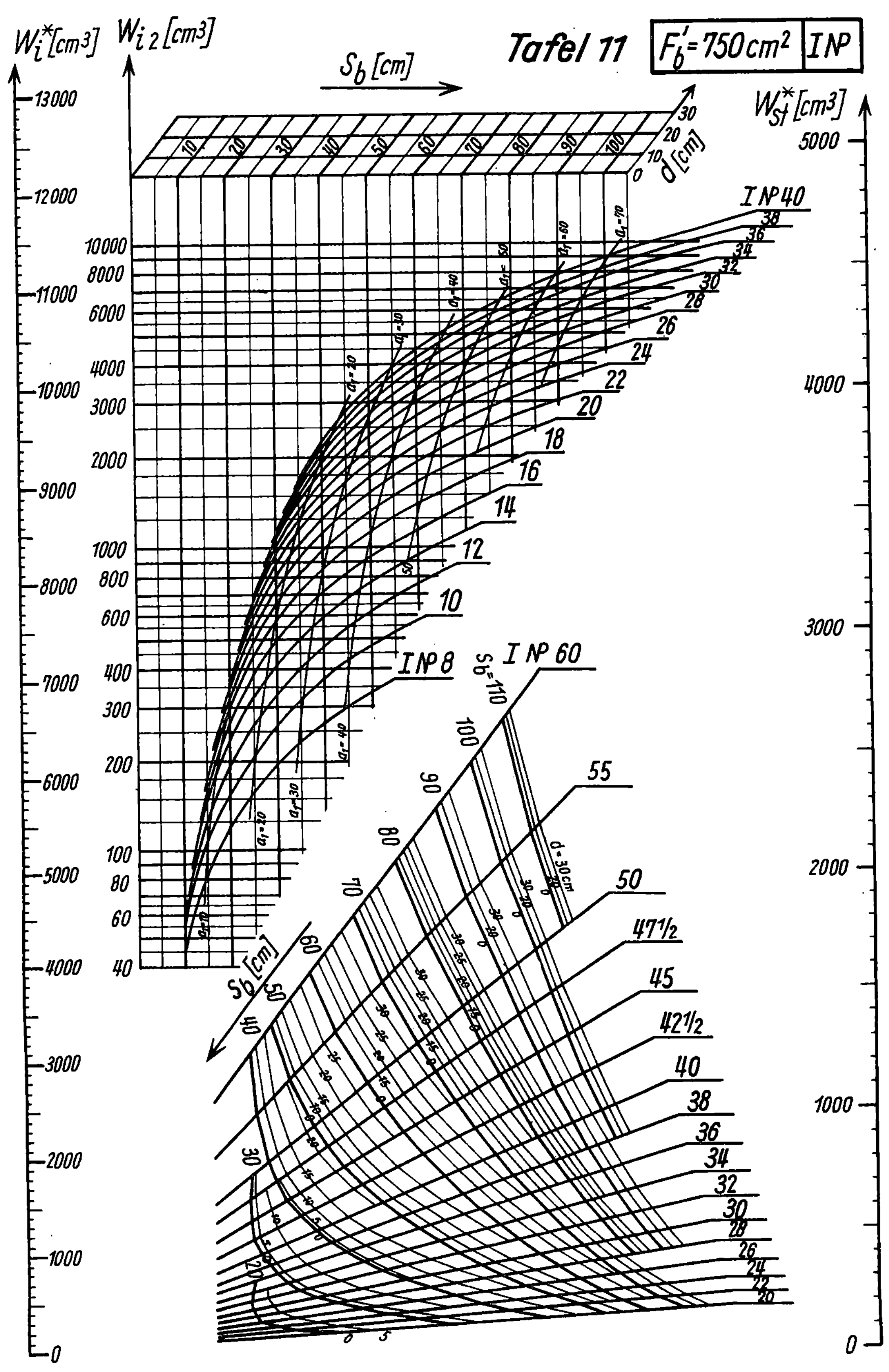

W_i^* [cm³]
W_{i2} [cm³]
S_b [cm]
Tafel 11
$F_b' = 750\ cm^2$
INP
W_{St}^* [cm³]
d [cm]
13000
12000
11000
10000
10000
9000
8000
8000
6000
4000
3000
2000
1000
800
600
400
300
200
100
80
60
40
5000
4000
3000
2000
1000
INP 40
38
36
34
32
30
28
26
24
22
20
18
16
14
12
10
INP 8
INP 60
$S_b = 110$
100
90
80
70
60
50
40
30
55
50
47½
45
42½
40
38
36
34
32
30
28
26
24
22
20
S_b [cm]
$d = 30\ cm$
0

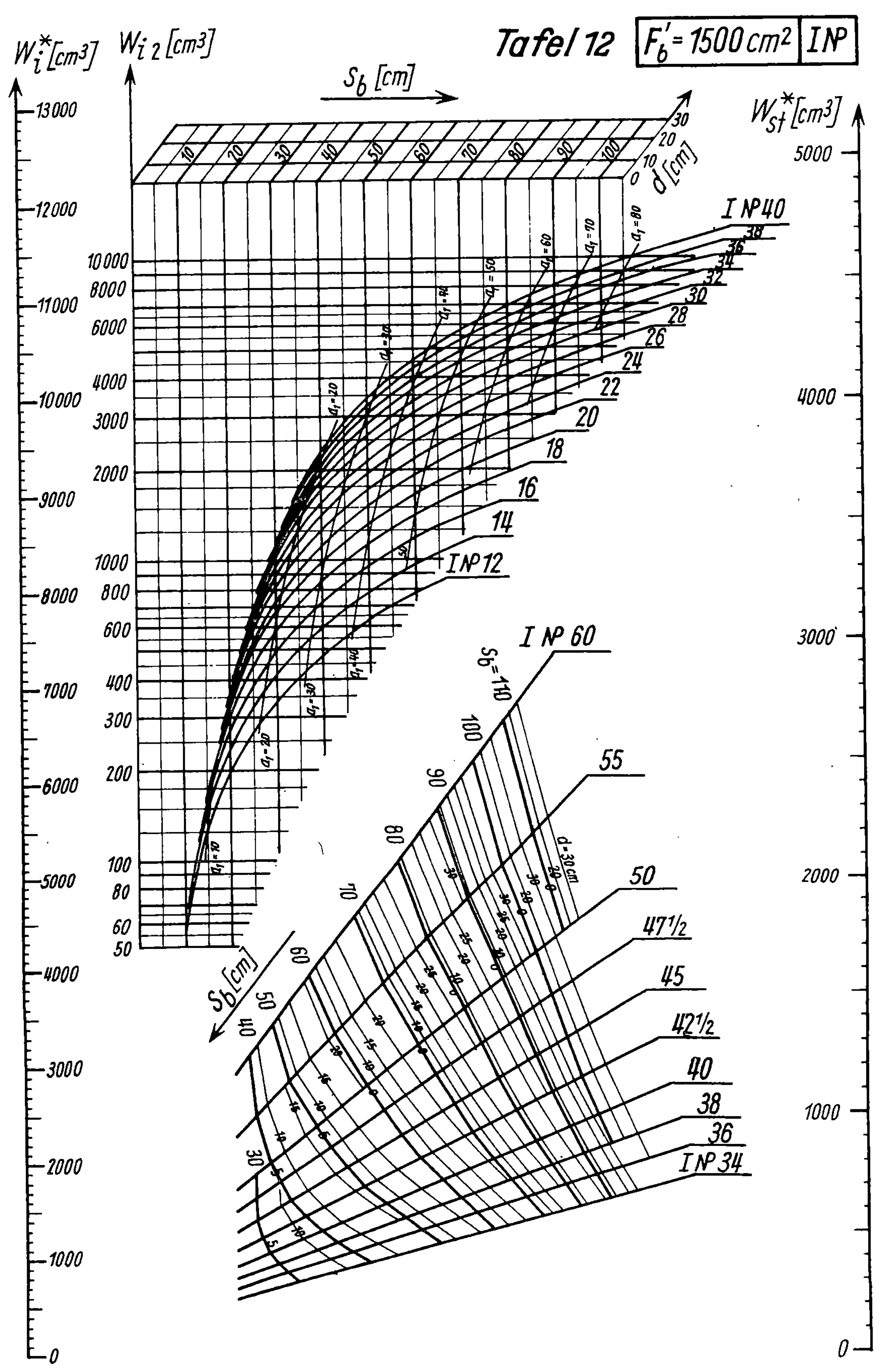

Tafel 12
F_b' = 1500 cm²
INP
W_i* [cm³]
W_i 2 [cm³]
S_b [cm]
d [cm]
W_St* [cm³]
13000
12000
11000
10000
9000
8000
7000
6000
5000
4000
3000
2000
1000
0
10000
8000
6000
4000
3000
2000
1000
800
600
400
300
200
100
80
60
50
I NP 40
38
36
34
32
30
28
26
24
22
20
18
16
14
I NP 12
I NP 60
S_b = 110
100
90
80
70
60
50
40
S_b [cm]
55
50
47½
45
42½
40
38
36
I NP 34
d = 30 cm
5000
4000
3000
2000
1000
0

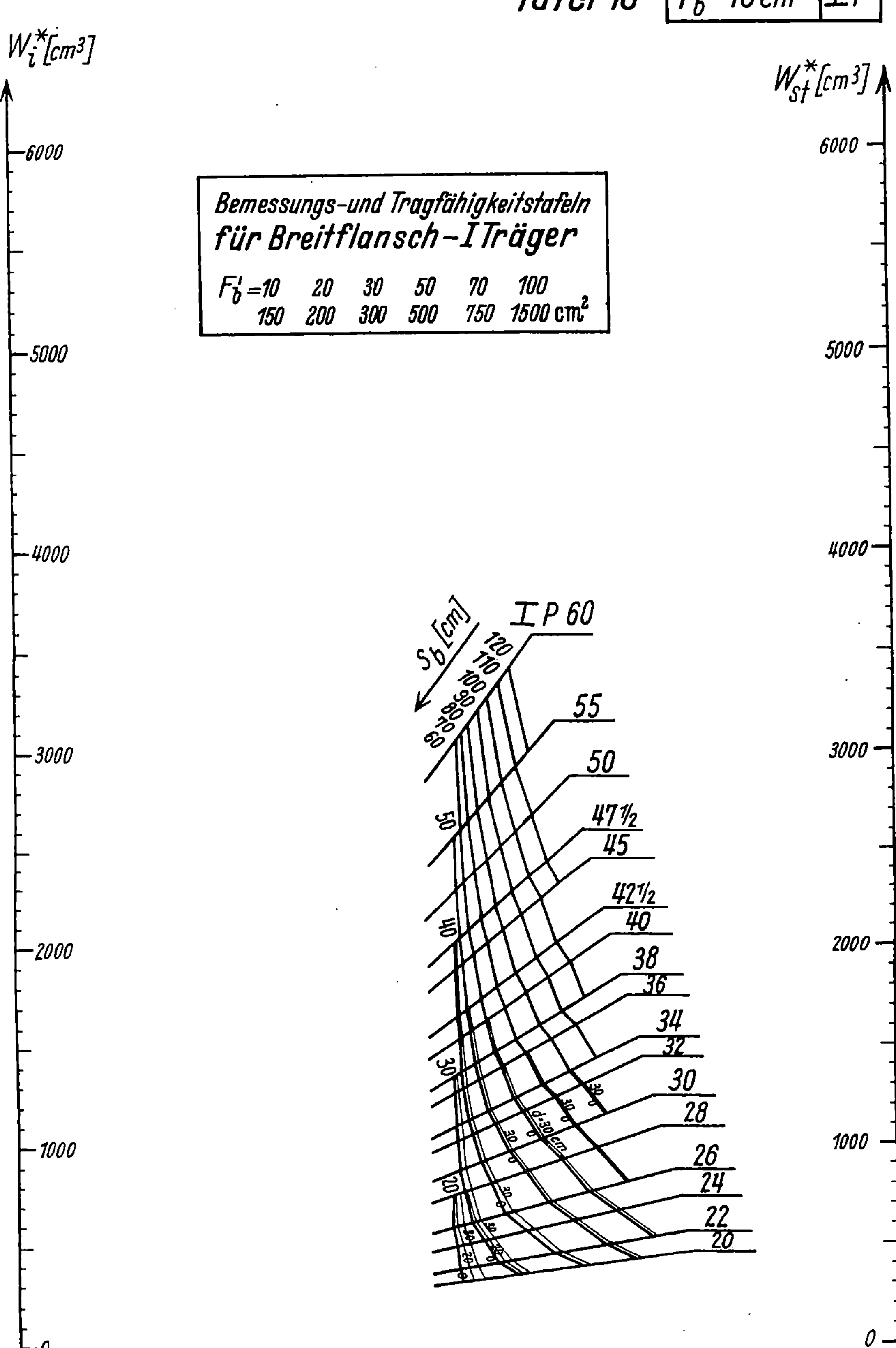

Tafel 13
$F_b' = 10\,cm^2$
IP

$W_i^*\,[cm^3]$
$W_{sf}^*\,[cm^3]$

6000
5000
4000
3000
2000
1000
0

Bemessungs- und Tragfähigkeitstafeln
für Breitflansch-I Träger
$F_b' = 10$ 20   30   50   70   100
150   200   300   500   750   1500 cm²

$S_b\,[cm]$
IP 60
120
110
100
90
80
70
60

55
50
47½
45
42½
40
38
36
34
32
30
28
26
24
22
20

50
40
30
20

d-30 cm

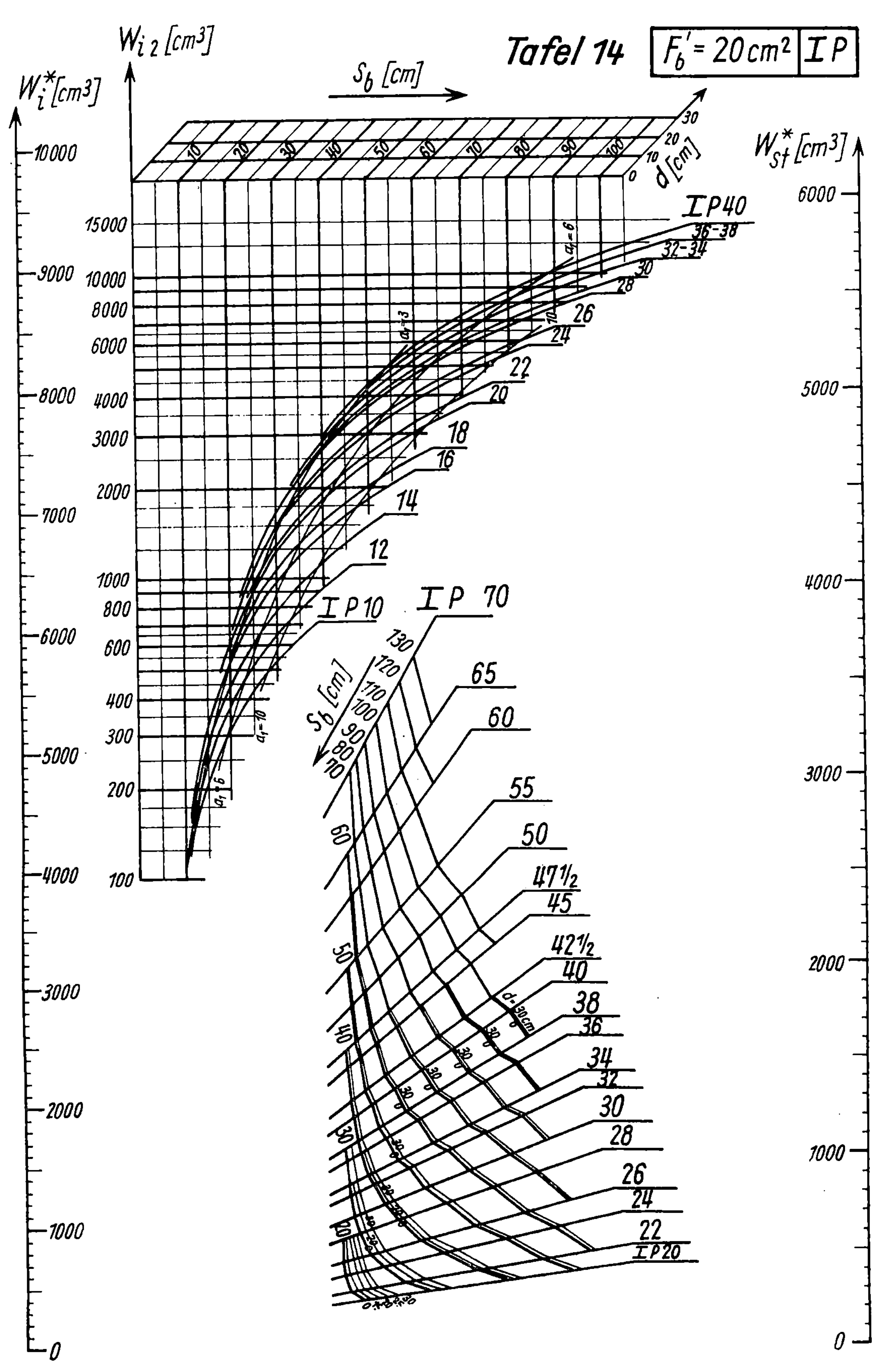

W_{i2} [cm³]
W_i^* [cm³]
S_b [cm]
Tafel 14
$F_b' = 20$ cm²
IP
d [cm]
W_{st}^* [cm³]
10000
15000
9000
10000
8000
8000
6000
6000
4000
8000
3000
2000
7000
1000
800
6000
600
400
300
5000
200
100
4000
IP40
36-38
32-34
30
28
26
24
22
20
18
16
14
12
IP10
IP 70
130
120
110
100
90
80
70
S_b [cm]
65
60
55
50
47½
45
42½
40
38
36
34
32
30
28
26
24
22
IP20
d=30cm
6000
5000
4000
3000
2000
1000
0
q=6
q=3
q=10
60
50
40
30
20

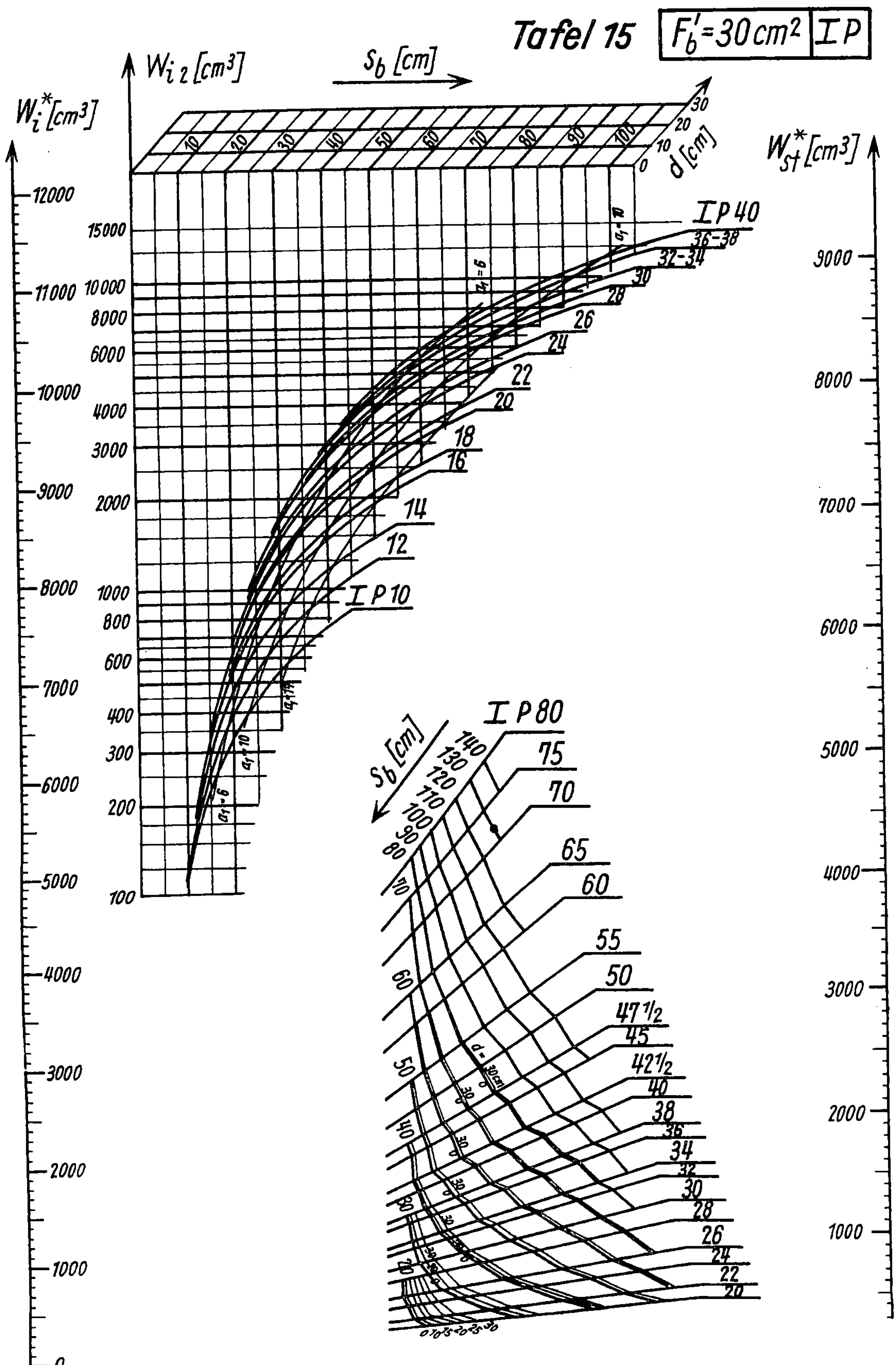
Tafel 15
$F_b' = 30\,cm^2$ IP
$W_{i\,2}\ [cm^3]$
$S_b\ [cm]$
$W_i^*\ [cm^3]$
$W_{st}^*\ [cm^3]$
d [cm]
IP 40
36-38
32-34
30
28
26
24
22
20
18
16
14
12
IP 10
IP 80
75
70
65
60
55
50
47½
45
42½
40
38
36
34
32
30
28
26
24
22
20
$S_b\ [cm]$
140
130
120
110
100
90
80
70
60
50
40
d = 30cm
30
0

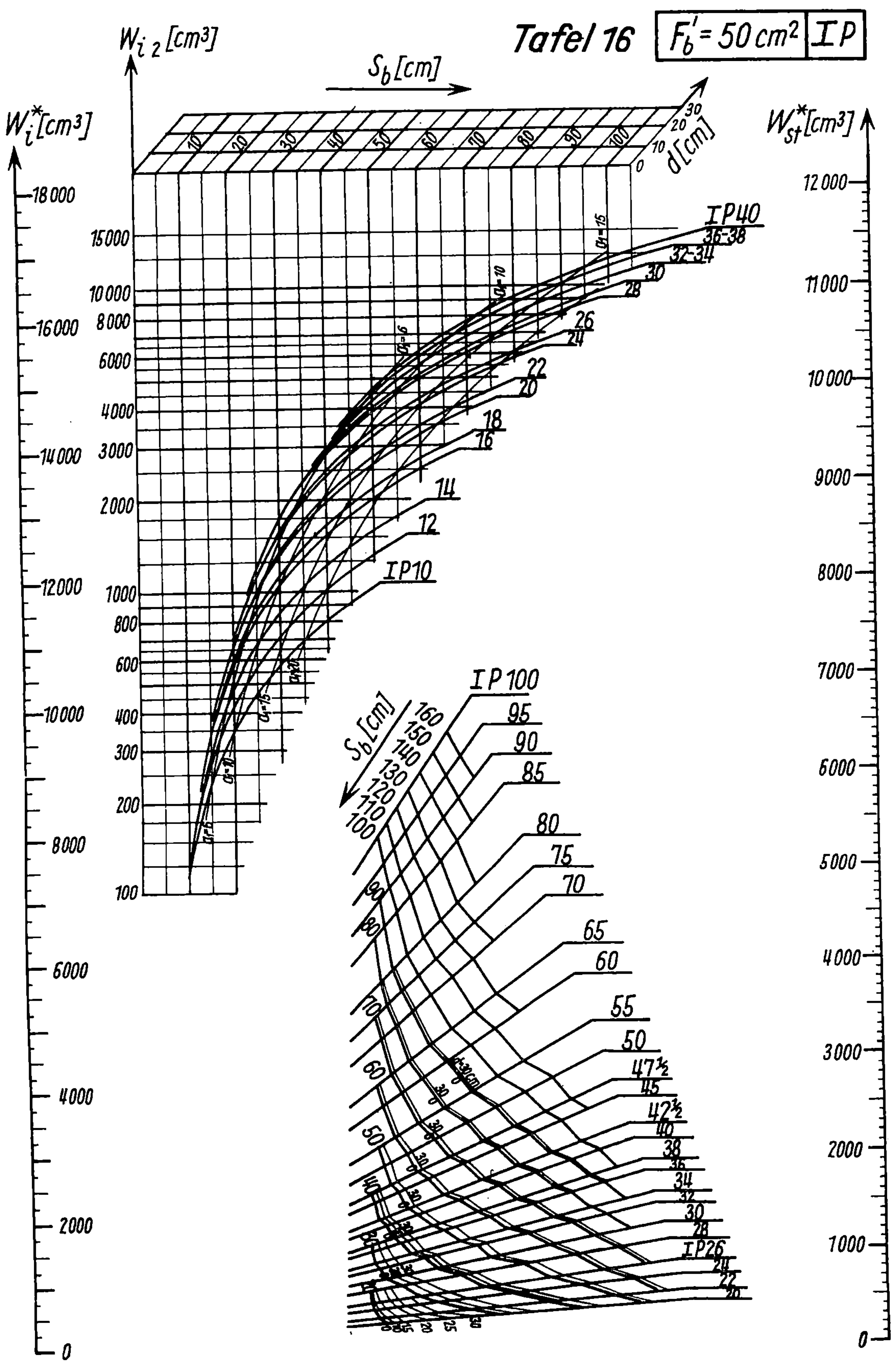

Tafel 16
$F_b' = 50\ cm^2$ IP
$W_{i\,2}\ [cm^3]$
$W_i^*\ [cm^3]$
$W_{st}^*\ [cm^3]$
$S_b\ [cm]$
$d\ [cm]$
IP 40
36-38
32-34
30
28
26
24
22
20
18
16
14
12
IP 10
IP 100
95
90
85
80
75
70
65
60
55
50
47½
45
42½
40
38
36
34
32
30
28
IP 26
24
22
20
$S_b\ [cm]$
160
150
140
130
120
110
100

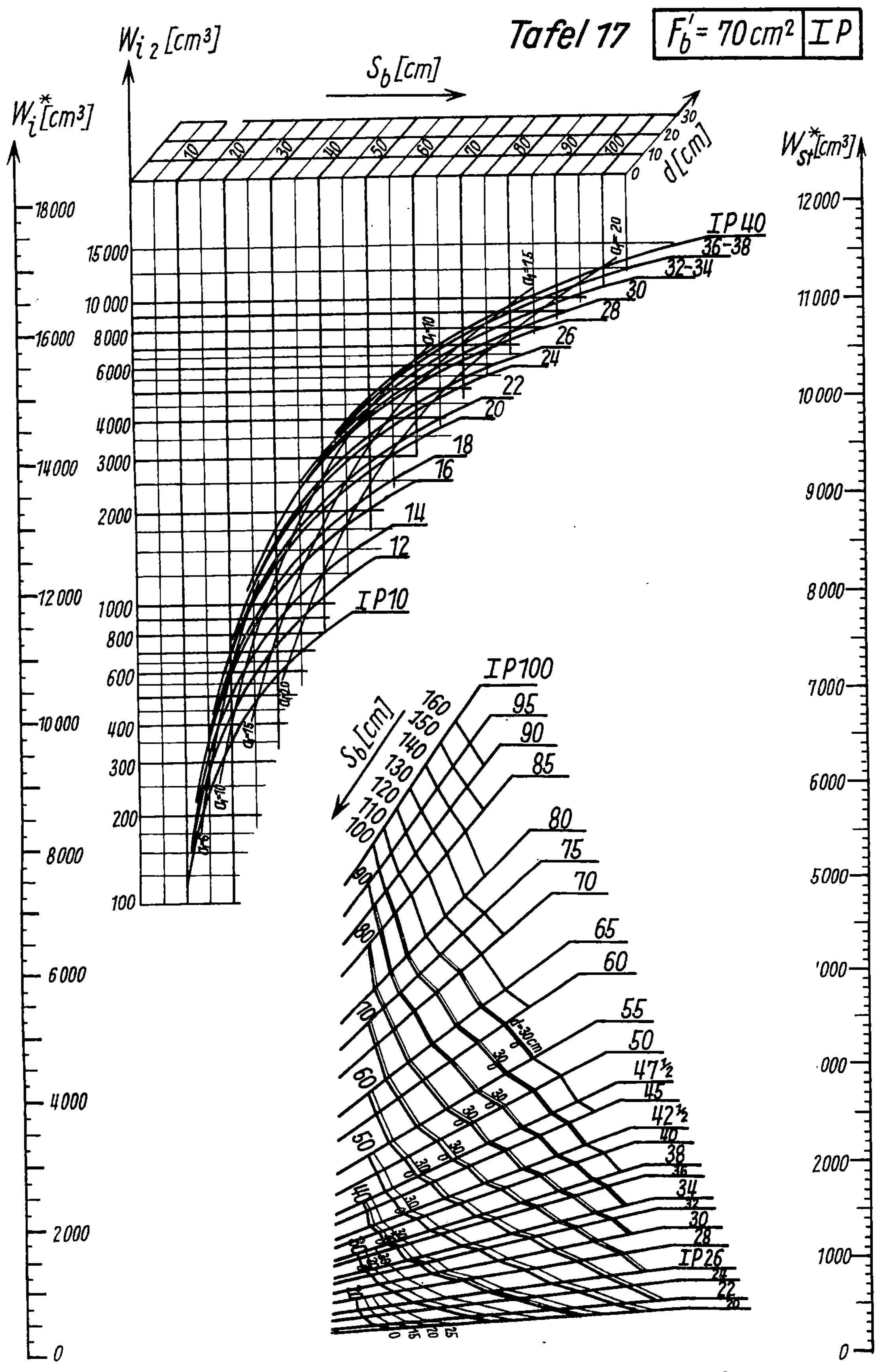

$W_{i\,2}\ [cm^3]$
$W_i^*\ [cm^3]$
$S_b\ [cm]$
Tafel 17
$F_b' = 70\ cm^2$
IP
$d\ [cm]$
30
20
10
0
$W_{St}^*\ [cm^3]$
18000
15000
10000
8000
6000
4000
3000
2000
1000
800
600
400
300
200
100
IP 40
36-38
32-34
30
28
26
24
22
20
18
16
14
12
IP 10
$a=20$
$a=15$
$a=10$
$a=20$
$a=15$
$a=10$
$a=5$
12000
11000
10000
9000
8000
7000
6000
5000
4000
3000
2000
1000
0
18000
16000
14000
12000
10000
8000
6000
4000
2000
0
$S_b\ [cm]$
160
150
140
130
120
110
100
90
80
70
60
50
IP 100
95
90
85
80
75
70
65
60
55
50
47½
45
42½
40
38
36
34
32
30
28
IP 26
24
22
20
$a=30\,cm$
30
40
50
60
70
80
90
0
15
20
25

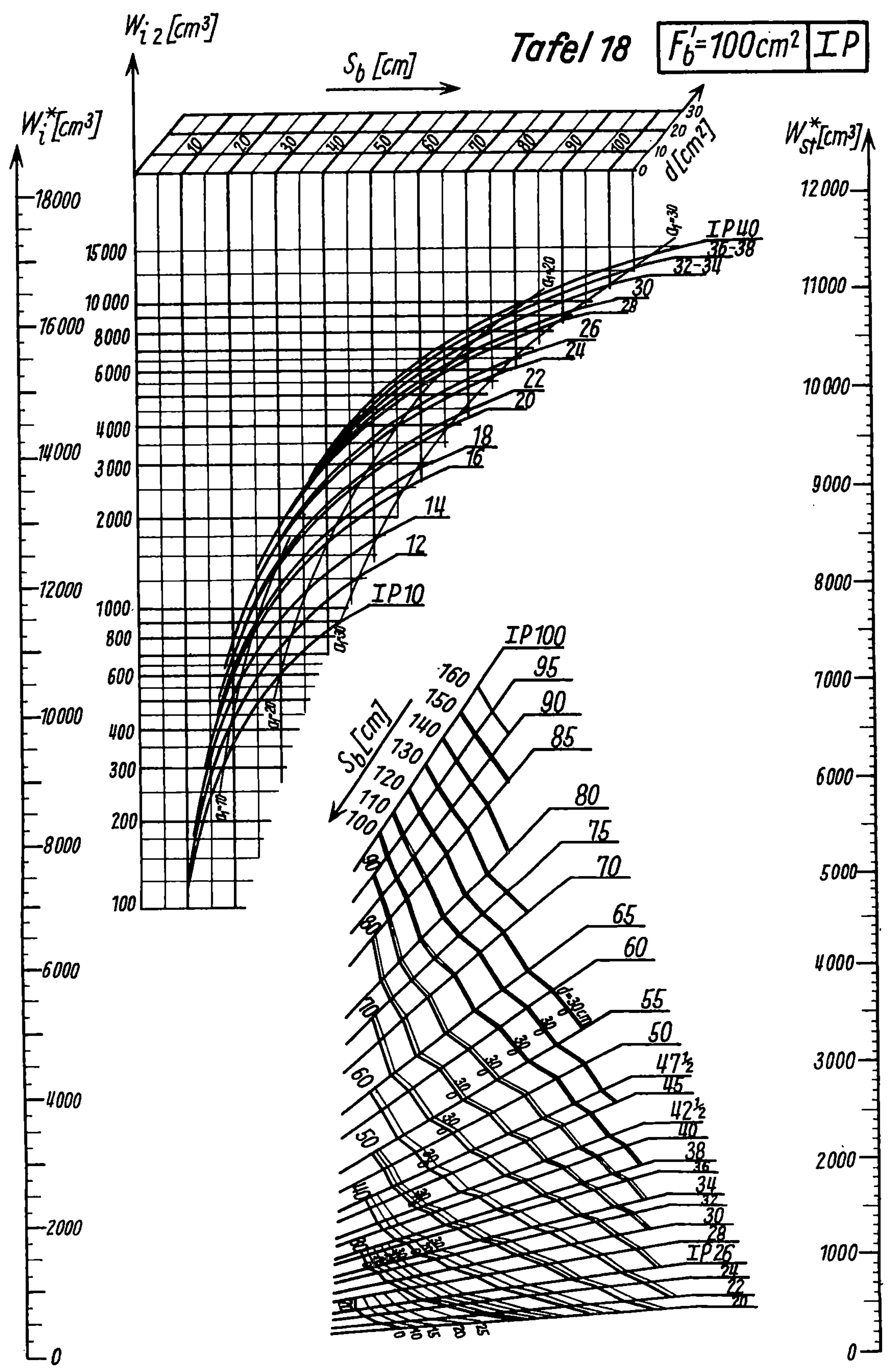

W_{i2} [cm³]
W_i^* [cm³]
S_b [cm]
Tafel 18
$F_b' = 100 cm²$
IP
d [cm²]
30
20
10
0
W_{St}^* [cm³]
18000
15000
10000
8000
6000
4000
3000
2000
1000
800
600
400
300
200
100
IP 40
36-38
32-34
30
28
26
24
22
20
18
16
14
12
IP 10
12000
11000
10000
9000
8000
7000
6000
5000
4000
3000
2000
1000
0
IP 100
95
90
85
80
75
70
65
60
55
50
47½
45
42½
40
38
36
34
32
30
28
IP 26
24
22
20
S_b [cm]
160
150
140
130
120
110
100
$d=30cm$

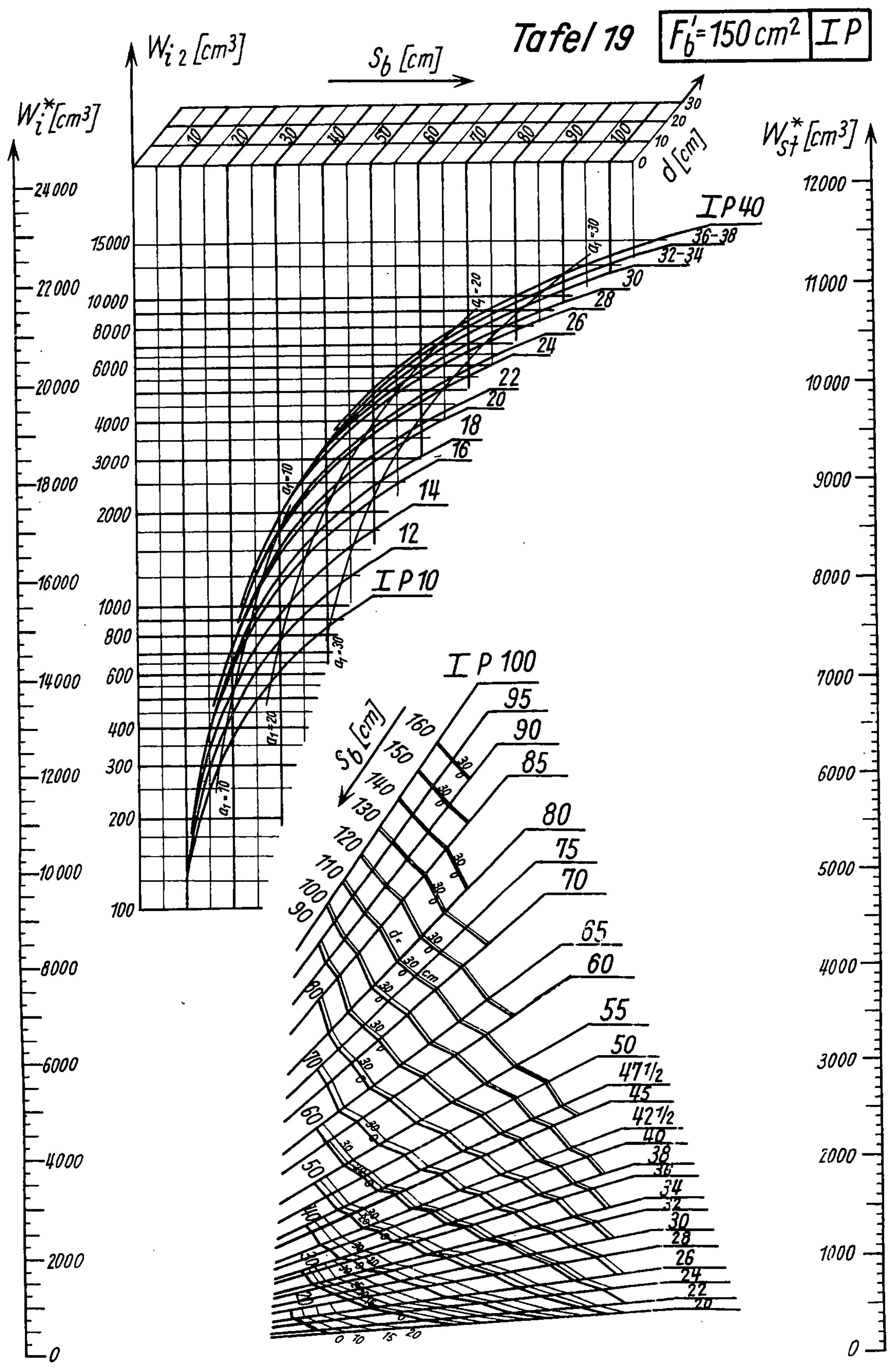

Tafel 19
$F_b' = 150\,cm^2$
$I\,P$
$W_{i\,2}\,[cm^3]$
$W_i^*\,[cm^3]$
$W_{st}^*\,[cm^3]$
$S_b\,[cm]$
$d\,[cm]$
IP 40
36-38
32-34
30
28
26
24
22
20
18
16
14
12
IP 10
IP 100
95
90
85
80
75
70
65
60
55
50
47½
45
42½
40
38
36
34
32
30
28
26
24
22
20
$S_b\,[cm]$
160
150
140
130
120
110
100
90
80
70
60
50
d = 30 cm
24 000
22 000
20 000
18 000
16 000
14 000
12 000
10 000
8 000
6 000
4 000
2 000
0
15000
10000
8000
6000
4000
3000
2000
1000
800
600
400
300
200
100
12000
11000
10000
9000
8000
7000
6000
5000
4000
3000
2000
1000
0

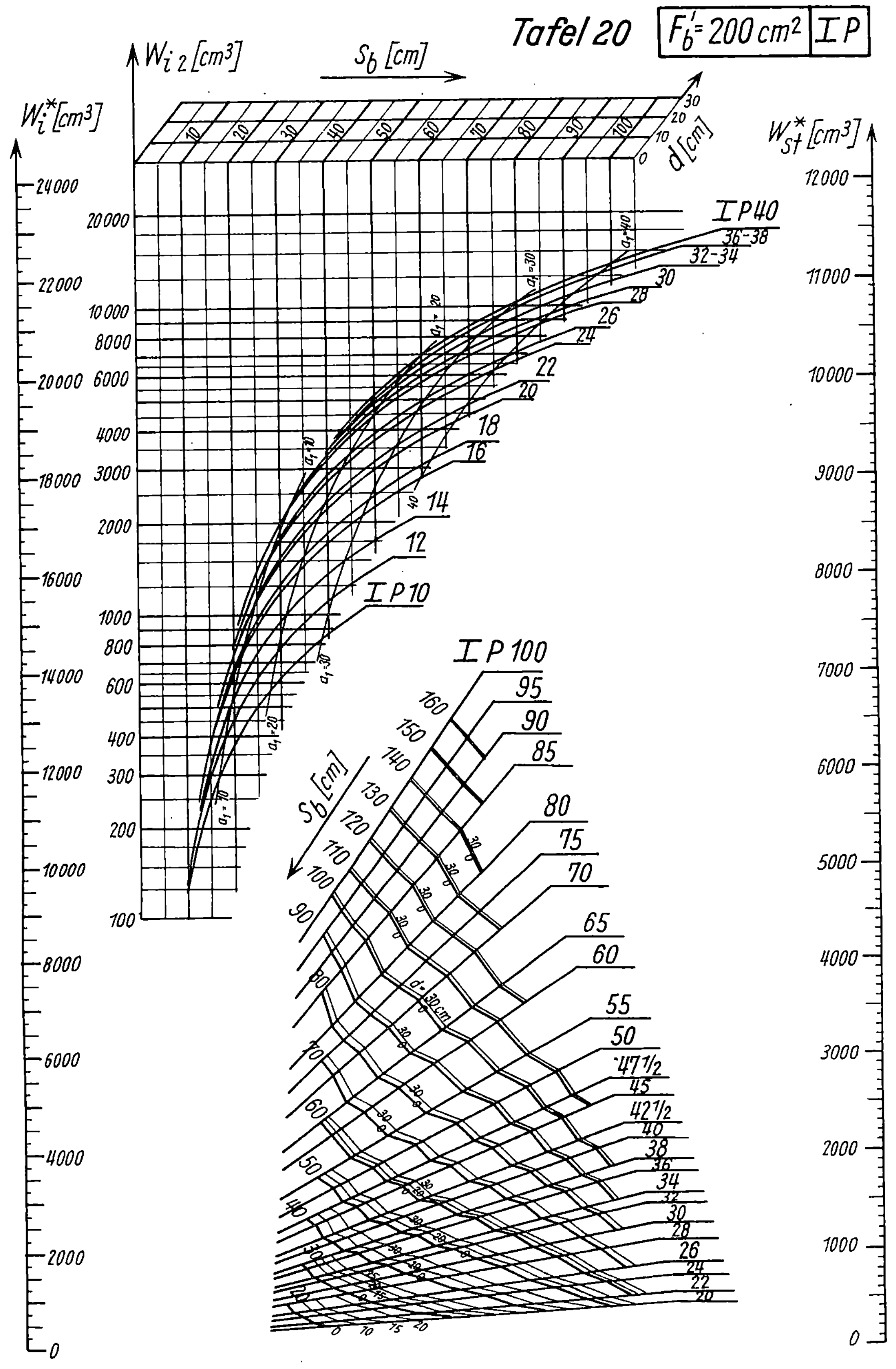

Tafel 20
F'_b = 200 cm²
I P
W_i 2 [cm³]
S_b [cm]
W_i* [cm³]
W_st* [cm³]
d [cm]
30 20 10 0
10 20 30 40 50 60 70 80 90 100
24000
22000
20000
18000
16000
14000
12000
10000
8000
6000
4000
2000
0
20000
10000
8000
6000
4000
3000
2000
1000
800
600
400
300
200
100
I P 40
36-38
32-34
30
28
26
24
22
20
18
16
14
12
I P 10
a_1=40
a_1=30
a_1=20
a_1=10
a_1=30
a_1=20
a_1=10
I P 100
160
150
140
130
120
110
100
90
80
70
60
50
40
95
90
85
80
75
70
65
60
55
50
47 1/2
45
42 1/2
40
38
36
34
32
30
28
26
24
22
20
S_b [cm]
d'=30 cm
30
12000
11000
10000
9000
8000
7000
6000
5000
4000
3000
2000
1000
0

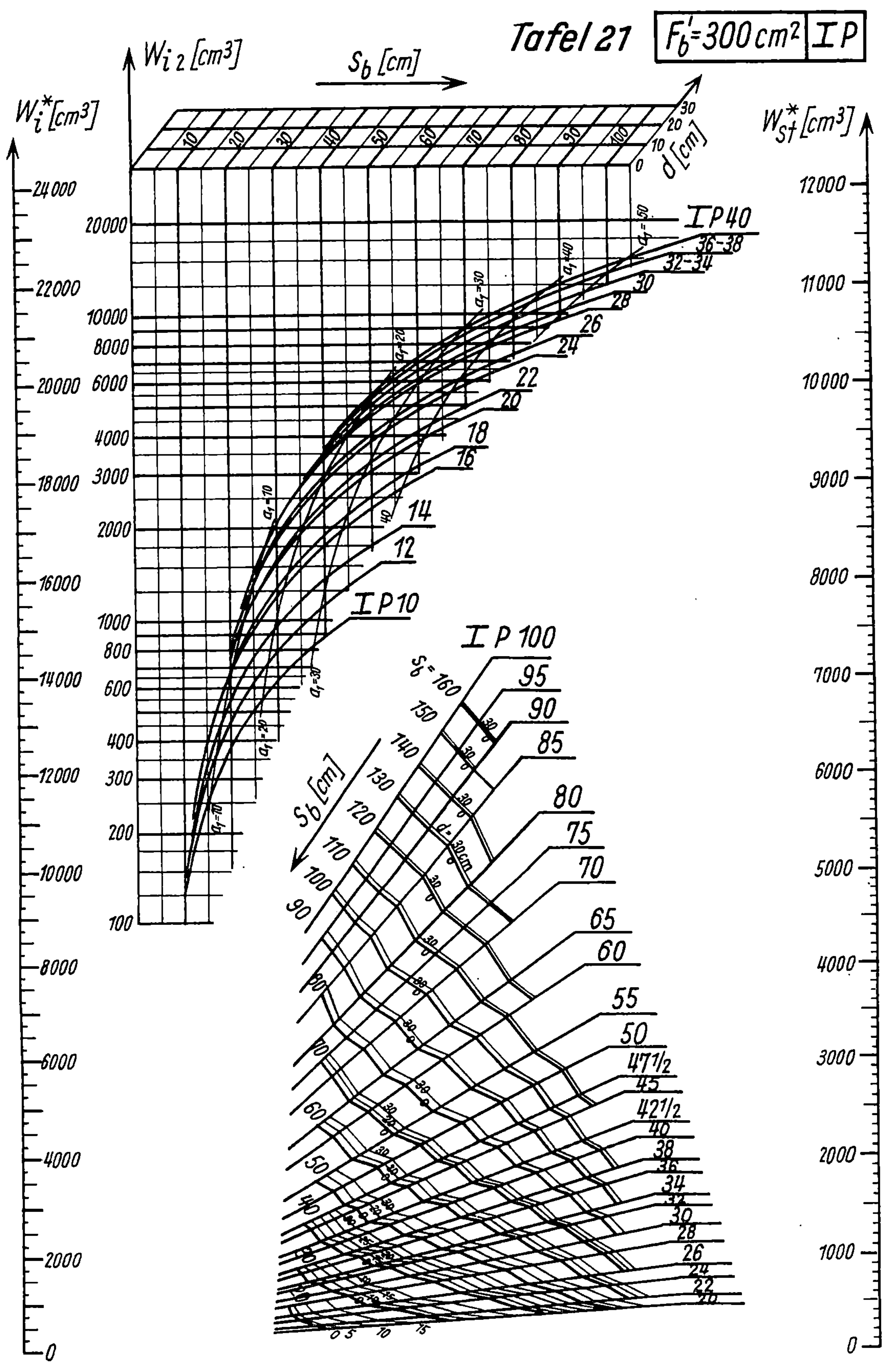

Tafel 21
$F_b' = 300\,cm^2$ IP
$W_{i\,2}\,[cm^3]$
$S_b\,[cm]$
$W_i^*\,[cm^3]$
$W_{St}^*\,[cm^3]$
$d\,[cm]$
IP 40
IP 10
IP 100
$S_b = 160$
$S_b\,[cm]$
$d = 300\,cm$

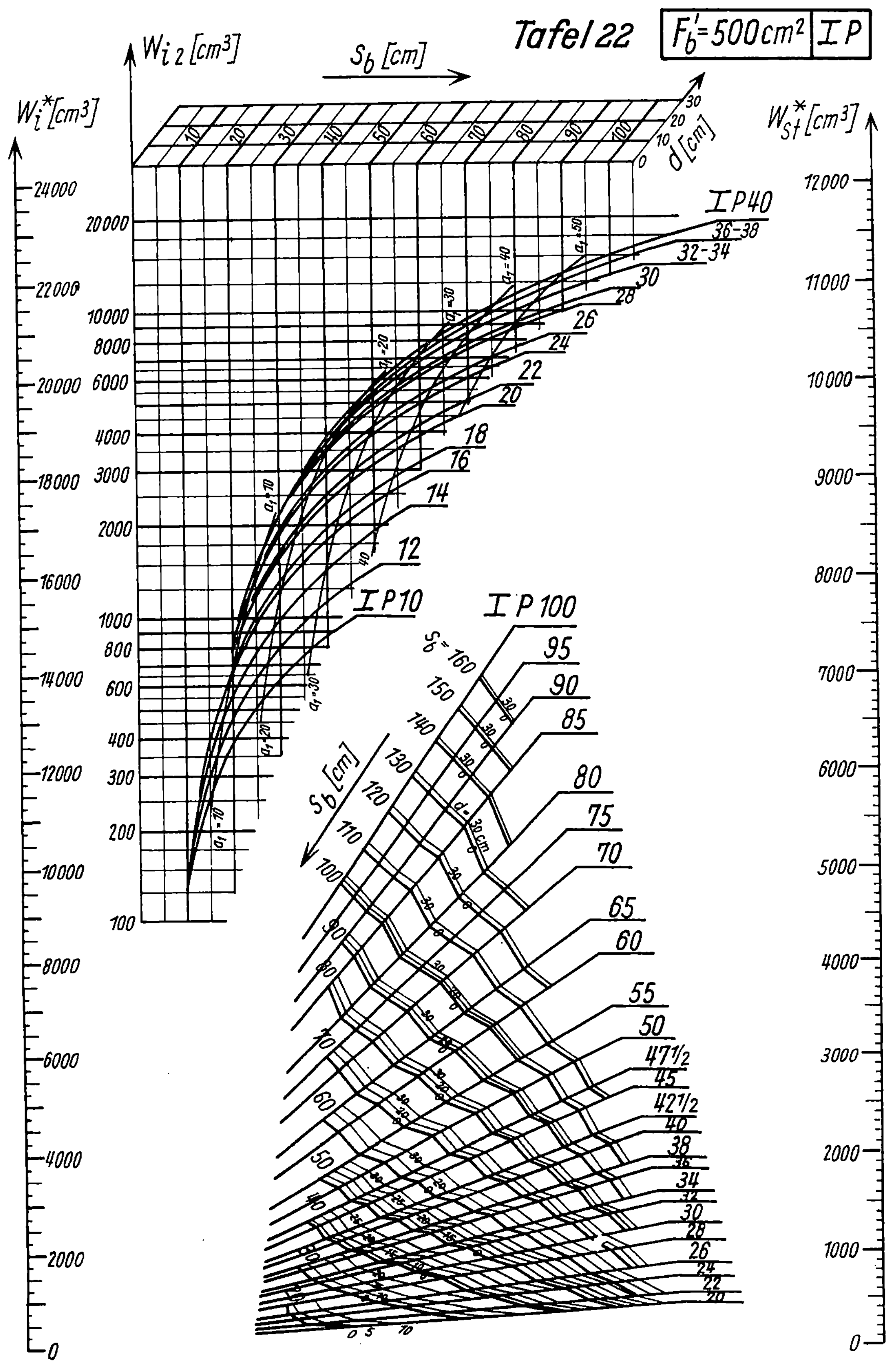

Tafel 22
$F_b' = 500\,cm^2$
IP
$W_{i\,2}\,[cm^3]$
$S_b\,[cm]$
$W_i^*\,[cm^3]$
$W_{St}^*\,[cm^3]$
$d\,[cm]$
IP 40
36-38
32-34
30
28
26
24
22
20
18
16
14
12
IP 10
IP 100
$S_b = 160$
150
140
130
120
110
100
95
90
85
80
75
70
65
60
55
50
47½
45
42½
40
38
36
34
32
30
28
26
24
22
20
$S_b\,[cm]$

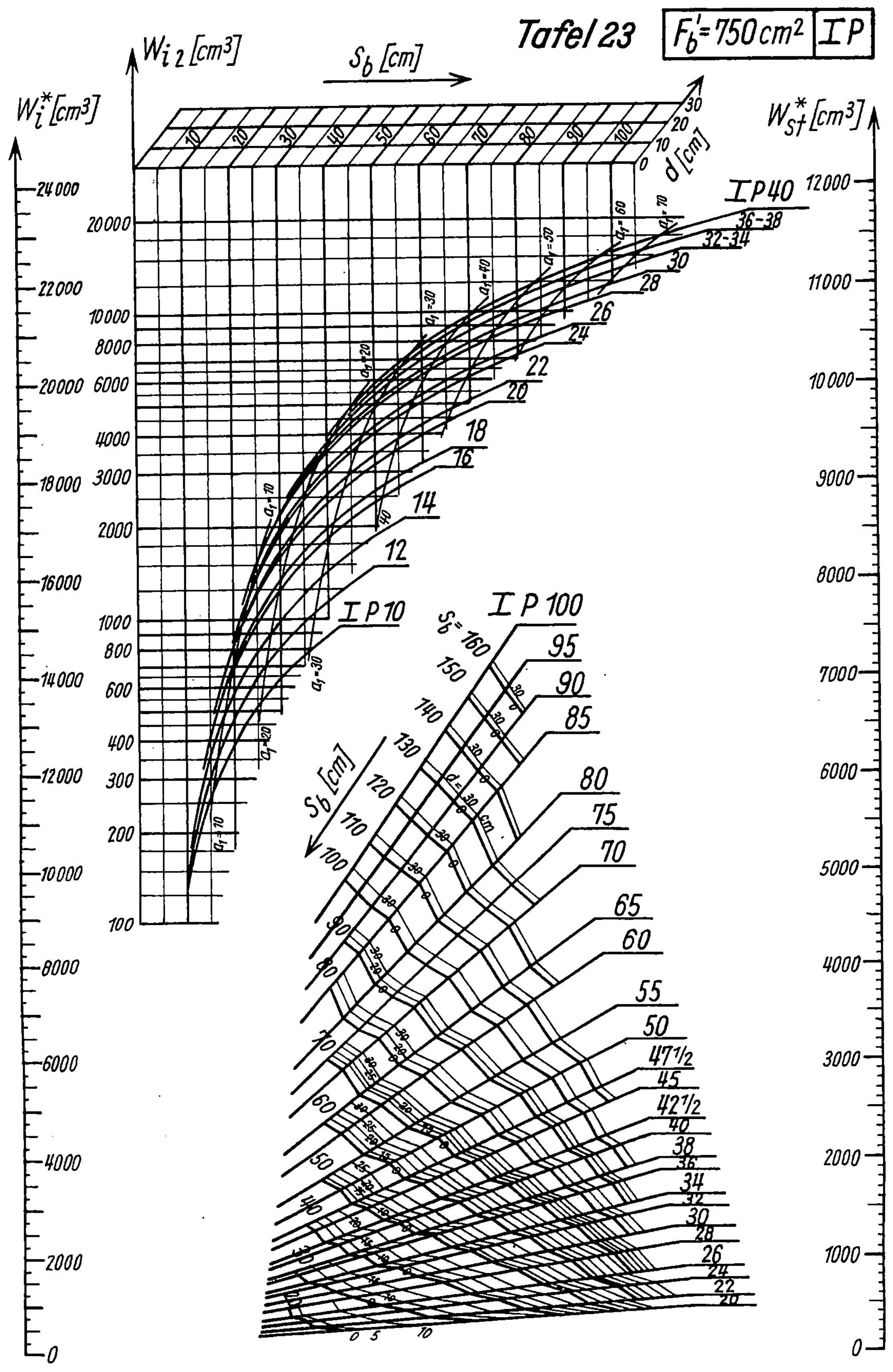

Tafel 23
$F_b' = 750\,cm^2$ IP
$W_{i\,2}\,[cm^3]$
$S_b\,[cm]$
$W_i^*\,[cm^3]$
$W_{St}^*\,[cm^3]$
$d\,[cm]$
IP 40
IP 10
IP 100
IP

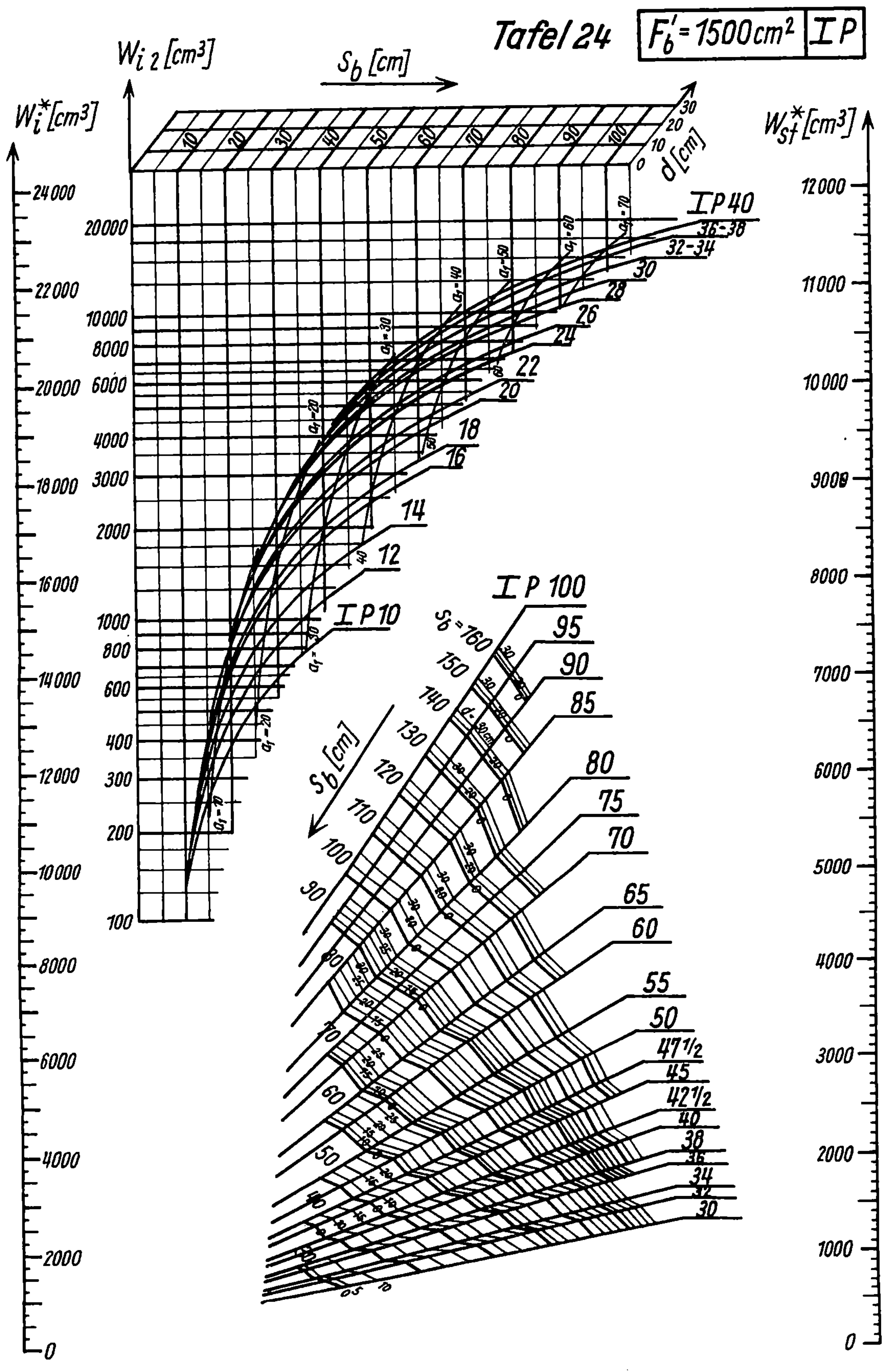

Tafel 24
$F_b' = 1500\,cm^2$
I P
$W_{i2}\,[cm^3]$
$W_i^*\,[cm^3]$
$S_b\,[cm]$
$W_{st}^*\,[cm^3]$
$d\,[cm]$
I P 40
36-38
32-34
30
28
26
24
22
20
18
16
14
12
I P 10
I P 100
95
90
85
80
75
70
65
60
55
50
47½
45
42½
40
38
36
34
32
30
$S_b = 160$
150
140
130
120
110
100
90
$S_b\,[cm]$
80
70
60
50
24000
22000
20000
18000
16000
14000
12000
10000
8000
6000
4000
2000
0
20000
10000
8000
6000
4000
3000
2000
1000
800
600
400
300
200
100
12000
11000
10000
9000
8000
7000
6000
5000
4000
3000
2000
1000
0

Berichtigung

S.7, Gl.(35), im Zähler statt $-J_i$ lies: $-J'_i$

S.9, Gl.(39), im Zähler statt $\cdot s_{si}$ lies: $\cdot s_{st}$